水体污染控制与治理科技重大专项“十二五”成果系列丛书
重点行业水污染全过程控制技术系列与应用

辽河流域

基于环境容量的污染物排放总量控制研究

刘岚昕　李　艳　程希雷　编著

中国环境出版集团 · 北京

图书在版编目（CIP）数据

辽河流域基于环境容量的污染物排放总量控制研究/刘岚昕，李艳，程希雷编著. —北京：中国环境出版集团，2021.12

（水体污染控制与治理科技重大专项“十二五”成果系列丛书）

ISBN 978-7-5111-4720-2

Ⅰ. ①辽…　Ⅱ. ①刘…②李…③程…　Ⅲ. ①辽河流域—河流污染—污染物—总排污量控制—研究　Ⅳ. ①X522

中国版本图书馆 CIP 数据核字（2021）第 086486 号

出 版 人　武德凯
责任编辑　张　倩
责任校对　任　丽
封面设计　岳　帅

出版发行　中国环境出版集团
（100062　北京市东城区广渠门内大街 16 号）
网　　址：http://www.cesp.com.cn
电子邮箱：bjgl@cesp.com.cn
联系电话：010-67112765（编辑管理部）
发行热线：010-67125803，010-67113405（传真）
印　　刷　北京中科印刷有限公司
经　　销　各地新华书店
版　　次　2021 年 12 月第 1 版
印　　次　2021 年 12 月第 1 次印刷
开　　本　787×1092　1/16
印　　张　11.75
字　　数　240 千字
定　　价　50 元

编 委 会

主　编： 刘岚昕

副主编： 李　艳　程希雷

编著者（按姓氏拼音排序）：

常春芝　程全国　傅金祥　韩德昌　胡筱敏　邵　红

王　赫　王留锁　王　彤　王　秀　王英刚　王子锐

赵　蔚　朱华波　朱　悦

前言

辽河是我国七大水系之一，跨辽宁、内蒙古、吉林、河北四个省（区），河长约1 390 km^2，流域人口3 500万。随着国家改革开放和经济社会的快速发展，辽河流域水污染逐步加重，到20世纪90年代中期，辽河已经被严重污染，被列入国家重点治理的“三河三湖”之一，国家和地方政府开始重视辽河流域的水污染治理。“十一五”初期，流域核心区域辽宁省提出了3年内干流消灭COD劣Ⅴ类水体的目标，加大了治理力度，到“十一五”末期，辽河流域的水质明显改善。“十二五”初期，辽宁省提出了“摘掉重污染流域‘帽子’”的目标，经过国家和地方的集中投入，2012年年底“摘帽”目标提前实现。

在“十一五”“十二五”辽河流域治理过程中，国家科技重大专项——水体污染控制与治理科技重大专项（以下简称“水专项”）的实施同流域环境治理和管理重大工程紧密结合，形成了有力支撑。“十二五”期间，辽河水专项“辽河流域主要污染物排放控制与管理体系建设示范”课题经过多年的调查与研究，在课题负责人刘岚昕教授的组织策划下，总结梳理了课题研究成果，编著了《辽河流域基于环境容量的污染物排放总量控制研究》，为辽河流域水环境管理和水污染治理提供了重要的技术支撑。

《辽河流域基于环境容量的污染物排放总量控制研究》一书，在辽河流域（辽宁省）水生态功能分区和控制单元划分的基础上，通过对考核断面和补充断面水质监测数据分析，开展辽河流域和示范流域水体达标区域识别，进一步开展控制单元污染负荷核定和水环境容量计算与分配，在示范流域实现“分区、分类、分级、分期”的基于环境容量的排污许可分配，并研发排污许可证发放系统，在示范流域颁发排污许可证。本书从研究方法和实例两方面，对污染负荷核定、水环境容量计算、水环境容量分配、排污许可量分配进行了系统的阐述，对水环境管理部门及关注水质目标管理的研究者有很好的参考价值和指导意义。

目录

第1章 辽河流域概况

1.1 辽河流域地理位置

辽河流域位于我国东北地区西南部。地处东经116°54′—125°32′，北纬40°31′—45°17′，东西横跨经度约8°38′，南北纵贯纬度约4°46′，整个流域东西宽，南北狭。流域东以长白山山脉与西流松花江、鸭绿江两流域为界；西接兴安岭南端，与内蒙古内陆诸河相邻；南以七老图山脉和凌源山脉与滦河、大凌河、小凌河流域毗连；北以松辽分水岭和松花江流域相接，面积约为21.9万km^2。

1.2 辽河流域水系

辽河流域水系由辽河、浑河和太子河三大干流及其支流组成。辽河发源于河北省七老图山脉的光头山，流经内蒙古、吉林的西辽河和发源于吉林省萨哈岭的东辽河，在辽宁省昌图县福德店汇合而成，至辽宁省盘锦市盘山县注入渤海，全长 1 383 km，是我国七大江河之一；大辽河地处辽河下游冲积平原，系浑河、太子河汇合后由三岔河至营口入海口的河段，全长 97 km，流域面积约为 0.19 万 km^2，主要一级支流左岸有劳动河，右岸有南河沿排水总干、新开河等。两大水系原为一体，1958 年春季，为使辽河、浑河、太子河洪水顺畅入海，解决营口港淤积及三岔河地区排涝问题，辽宁省人民政府决定在六间房村附近建设永久性堤防工程，将外辽河堵截，辽河水不再经由外辽河汇集浑河、太子河从营口入海，改道经由双台子河从盘锦入海。自此，原辽河水系主体依旧被称为辽河水系，浑河、太子河成为独立水系，仍从营口入海，但由于旧有的习惯称谓，河流名称并没有及时更正，浑河、太子河入海河道称大辽河。辽河流域水系见图 1-1，主要河流流域面积及河流长度见表 1-1。

1.2.1 辽河

辽河从铁岭市昌图县福德店入辽宁省境内，流经铁岭、沈阳、盘锦，由盘锦入海，辽宁省内干流全长约为 542 km，流域面积约为 3.6 万 km^2，境内共接纳 31 条一级支流及排干，包括左侧的招苏台河、清河、柴河、凡河和右侧的秀水河、养息牧河、柳河等，见图 1-2。

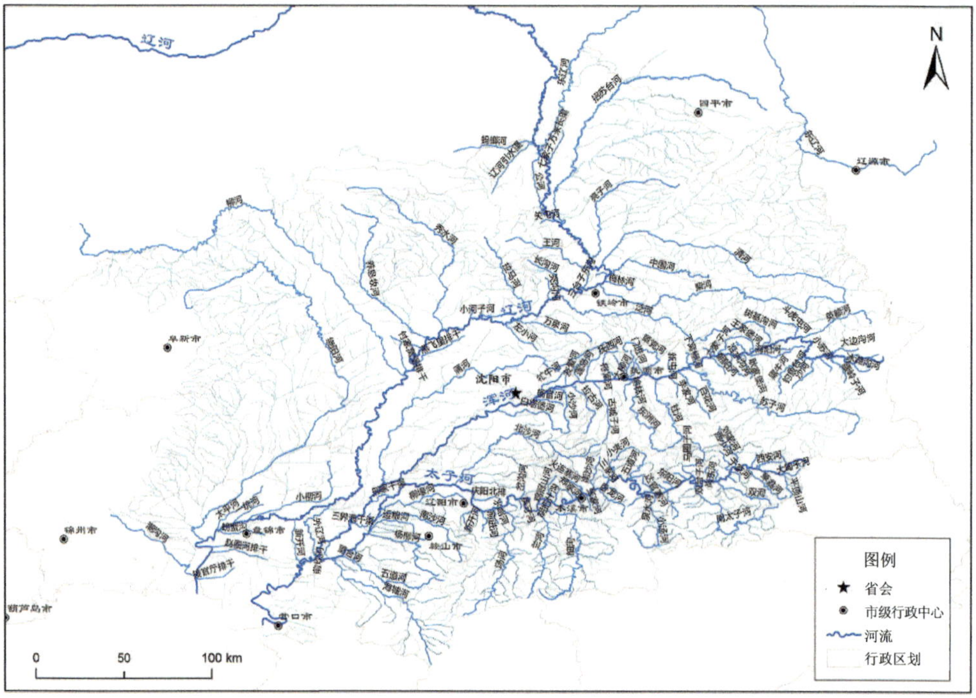

图 1-1 辽河流域水系（1）

表 1-1 辽河流域主要河流基本信息

流域	河流名称	流域面积/km^2	河流长度/km
辽河	辽河	191 946	1 383
	凡河	1 046	120
	拉马河	733	61
	亮子河	566	106
	清河	5 150	159
	绕阳河	10 348	326
	王河	500	47
	秀水河	1 903	139
	养息牧河	1 981	123
	招苏台河	4 828	263
	中固河	571	62
	柴河	1 441	133

流域	河流名称	流域面积/km^2	河流长度/km
	柳河	5 345	302
浑河	浑河	28 260	495
	东洲河	528	60
	苏子河	2 161	148
	英额河	519	44
	蒲河	1 359	202
太子河	太子河	13 493	363
	北沙河	1 590	102
	海城河	1 377	92
	兰河	516	65
	柳壕河	518	54
	汤河	1 422	87
	五道河	629	62
	细河	1 126	119
	南太子河	951	88

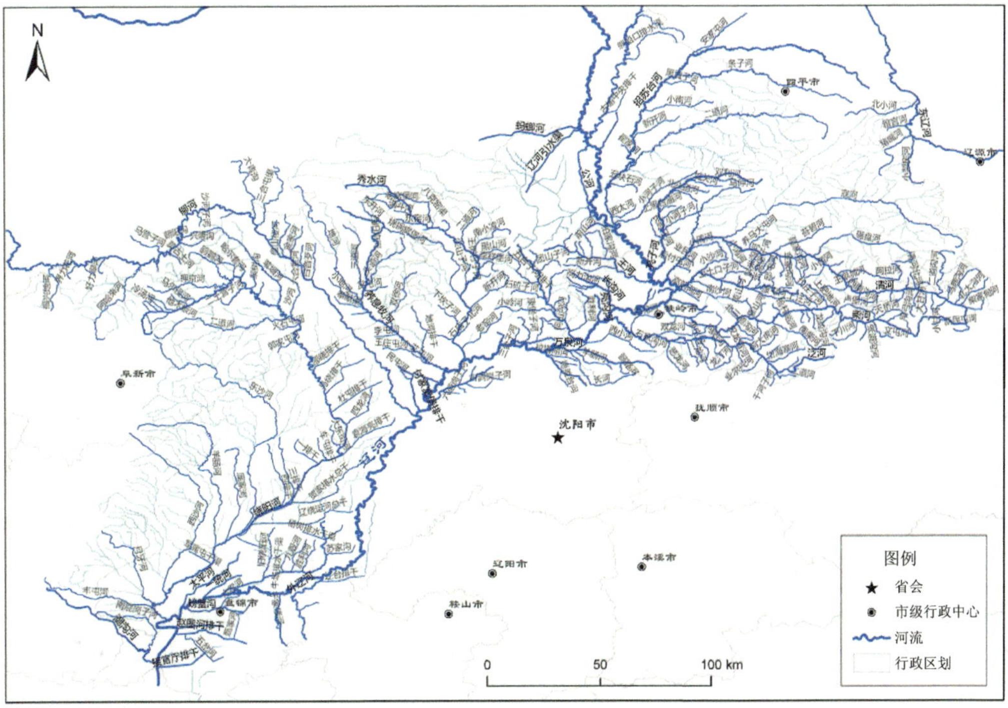

图 1-2　辽河流域水系（2）

1.2.2 浑河

浑河源于清原县滚马岭，流经抚顺、沈阳等市县，在海城古城子附近与太子河汇合，浑河干流长约为 495 km，流域面积约为 28 260 km^2，年平均径流量约为 30.52 亿 m^3。浑河为不对称水系，接纳苏子河、社河、东洲河、牤牛河、蒲河、细河等多条一级支流，见图 1-3。

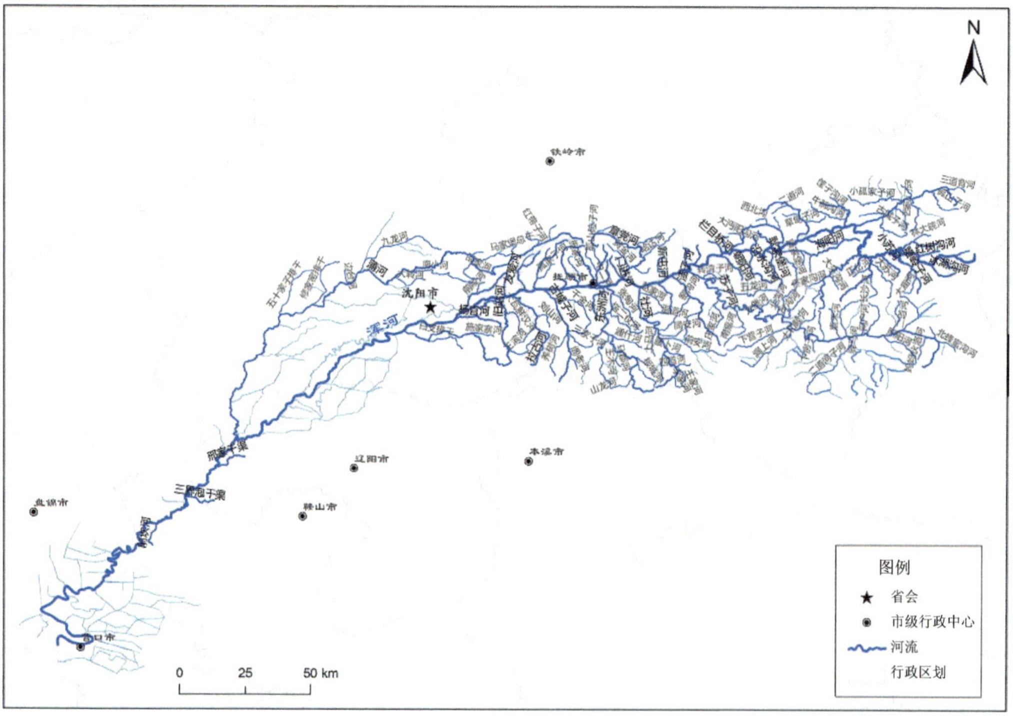

图 1-3 浑河流域水系

1.2.3 太子河

太子河水源有南北两支。南支的源头在本溪满族自治县东营坊乡羊湖沟草帽顶子山麓，北支的源头在新宾满族自治县平顶山镇鸿雁沟。两支流到本溪满族自治县马家崴子汇合成一股，蜿蜒西下，经由本溪满族自治县、本溪市区，到灯塔市鸡冠山乡瓦子峪村进入辽阳市。由鸡冠山南行至孤家子，逶迤西下，经安平、西大窑、沙浒、小屯、望水台、沙岭、黄泥洼、柳壕、穆家、唐马寨等 18 个乡镇，至唐马寨出境，经鞍山市海城三岔河入大辽河，由营口入渤海。太子河全长约为 363 km，流域面积约为 1.35 万 km^2，年平均径流量约为 26.86 亿 m^3，见图 1-4。

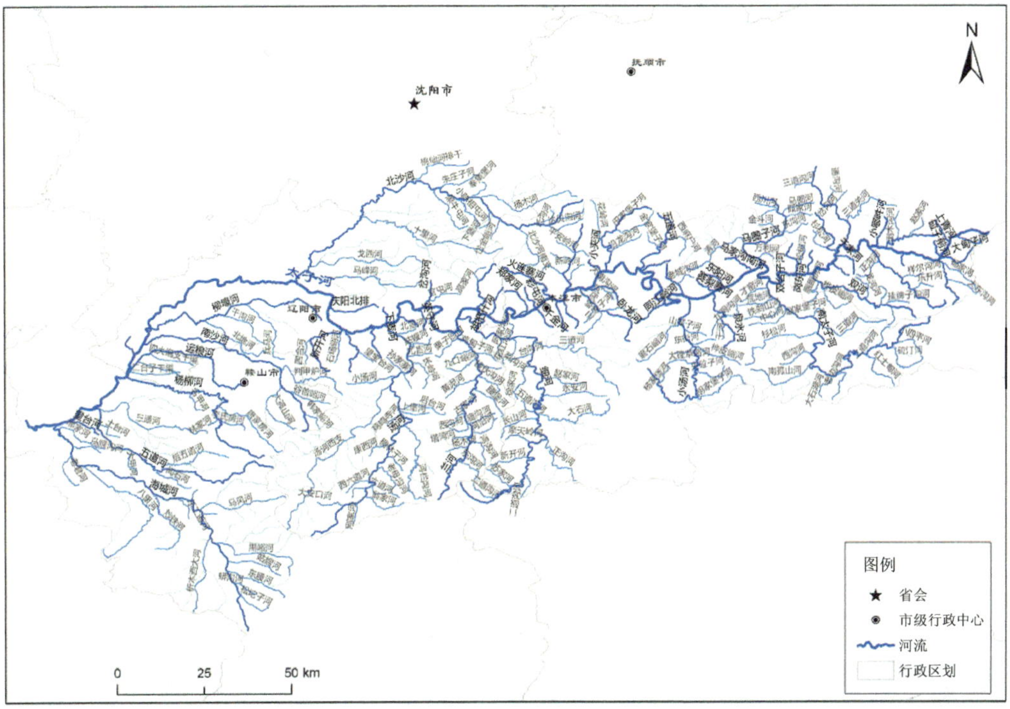

图 1-4 太子河流域水系

1.3 辽河流域概况

1.3.1 行政区划及人口

辽宁省辽河流域覆盖铁岭、沈阳、抚顺、本溪、鞍山、辽阳、盘锦、营口 8 个地市和锦州市黑山县、北镇市以及阜新市彰武县、朝阳市建平县 4 个县（市）。2013 年，辽河流域人口总计 2 603.2 万人，详见表 1-2。

表 1-2 辽河流域人口状况 单位：万人

区域	2013 年总人口	2013 年非农业人口
沈阳市	825.7	662.3
鞍山市	350.0	161.1
抚顺市	218.0	142.3
本溪市	152.3	103.0
辽阳市	180.0	—

区域	2013 年总人口	2013 年非农业人口
铁岭市	301.9	102.8
营口市	232.5	114.8
盘锦市	128.9	—
黑山县	62.0	11.1
北镇市	52.1	8.2
彰武县	41.4	8.1
建平县	58.4	12.8

1.3.2 社会经济状况

2013 年辽河流域市县地区生产总值总计 16 862.5 亿元，详见表 1-3。

表 1-3 辽河流域经济状况 单位：亿元

区域	地区生产总值
沈阳市	7 158.6
鞍山市	2 602.1
抚顺市	1 340.4
本溪市	1 193.7
辽阳市	232.5
铁岭市	857.4
营口市	1 513.1
盘锦市	1 351.1
黑山县	172.3
北镇市	155.3
彰武县	117.8
建平县	168.2

1.3.3 流域水资源分配状况

根据《2013年辽宁省水资源公报》，辽宁省总供水量与总用水量均为142.13亿 m^3。在总供水量中，地表水源供水量78.43亿 m^3，地下水源供水量60.00亿 m^3，其他水源供水量3.70亿 m^3。在总用水量中，第一产业用水量90.80亿 m^3，第二产业用水量24.62亿 m^3，第三产业用水量5.70亿 m^3，城乡居民生活用水量15.95亿 m^3，生态环境（河道外）补水量

5.06亿 m^3。根据《辽宁省水资源公报》（2011—2015年），用水量统计见表1-4。

表1-4　2011—2015年辽宁省用水量统计　　单位：亿 m^3

年份	生活	农业	工业	生态环境	总计
2011	25.9	89.7	24.00	4.9	144.5
2012	16.12	91.46	30.20	4.41	142.19
2013	15.95	90.80	30.32	5.06	142.13
2014	16.69	89.65	30.52	4.90	141.76
2015	17.42	88.76	28.95	5.62	140.75

1.3.4　污染物排放状况

2013年辽宁省辽河流域环境统计数据显示，辽河流域直排到河流、水库的企业共115家，COD、NH_3-N 排放量分别为13 315.80 t/a、625.05 t/a。其中，COD 排放量较大行业及所占比例：化学药品原料药制造为2 951.49 t/a，占比22.16%；原油加工及石油制品制造为1 546.14 t/a，占比11.61%；白酒制造为1 324.84 t/a，占比9.95%；机制纸及纸板制造为1 000.25 t/a，占比7.51%。NH_3-N 排放量较大行业及所占比例：原油加工及石油制品制造为100.71 t/a，占比16.11%；屠宰行业为81.53 t/a，占比13.04%；炼铁为73.62 t/a，占比11.78%；化学药品原料药制造为72.15 t/a，占比11.54%；氮肥制造为71.78 t/a，占比11.48%；棉织造加工为51.70 t/a，占比8.27%（图1-5）。

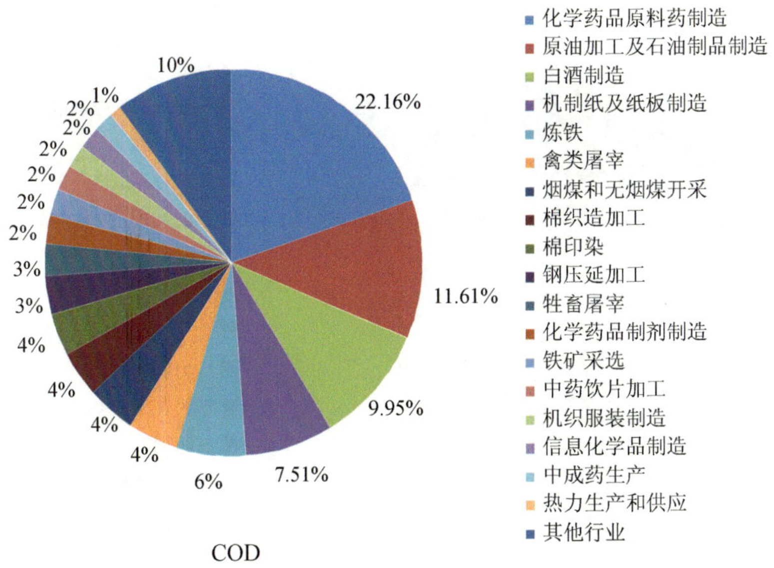

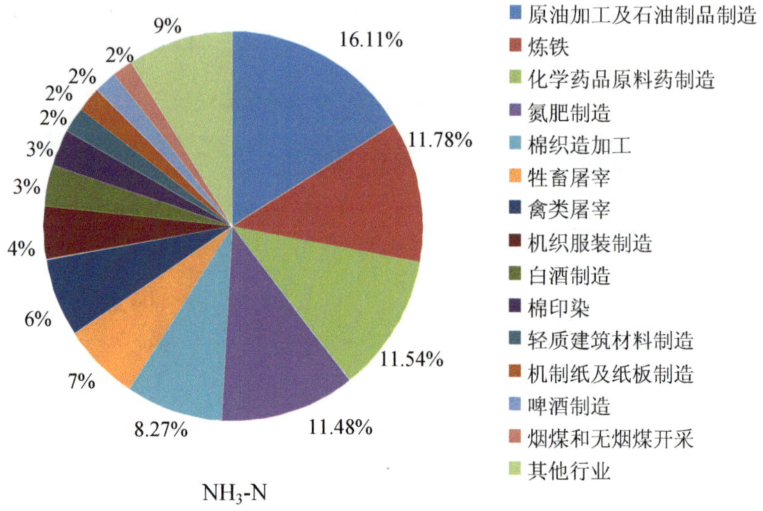

图 1-5 辽河流域不同行业 COD 与 NH_3-N 排放量所占比例

（1）辽河流域（辽宁省）

COD、NH_3-N 排放量分别为 2 789.50 t/a 和 268.36 t/a。其中，COD 排放量较大行业及所占比例：机制纸及纸板制造为 1 000.25 t/a，占比 35.86%；屠宰行业为 570.66 t/a，占比 20.22%；烟煤和无烟煤开采为 309.94 t/a，占比 11.11%；原油加工及石油制品制造为 223.84 t/a，占比 8.02%；白酒制造为 105.72 t/a，占比 3.79%。NH_3-N 排放量较大行业及所占比例：原油加工及石油制品制造为 80.80 t/a，占比 30.11%；屠宰行业为 65.04 t/a，占比 24.24%；氮肥制造为 48.20 t/a，占比 17.96%；白酒制造为 18.52 t/a，占比 6.90%（图 1-6）。

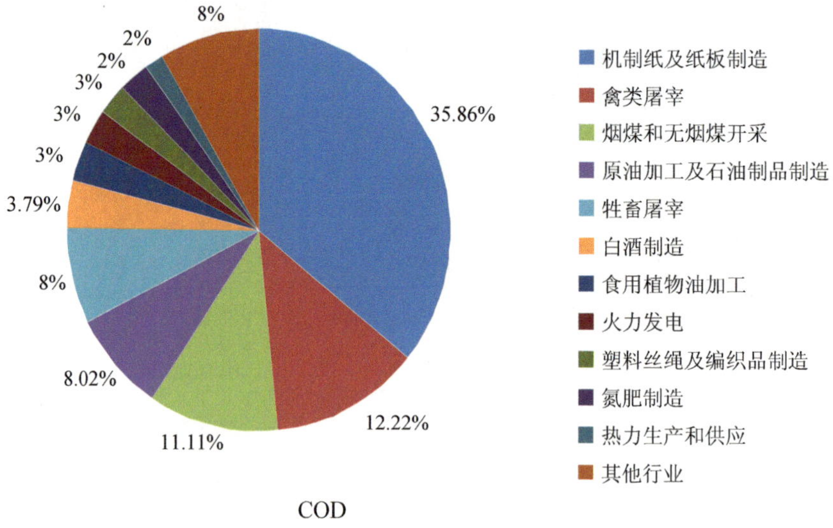

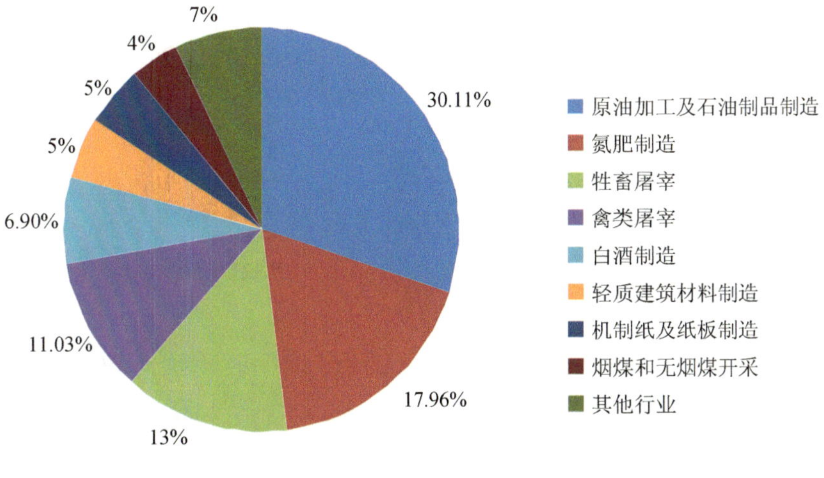

NH_3-N

图 1-6　辽河流域（辽宁省）不同行业 COD 与 NH_3-N 排放量所占比例

（2）浑河流域

COD、NH_3-N 排放量分别为 513.8 t/a、25.27 t/a。其中，COD 排放量较大行业及所占比例：烟煤和无烟煤开采为 139.93 t/a，占比 27.23%；铁矿采选为 65.52 t/a，占比 12.75%；热力生产和供应为 59.27 t/a，占比 11.54%；纸和纸板容器制造为 46.79 t/a，占比 9.11%；屠宰行业为 29.70 t/a，占比 5.78%。NH_3-N 排放量较大行业及所占比例：热力生产和供应为 4.68 t/a，占比 18.51%；纸和纸板容器制造为 3.63 t/a，占比 14.36%；豆制品制造为 3.00 t/a，占比 11.87%；铁矿采选为 2.14 t/a，占比 8.46%（图 1-7）。

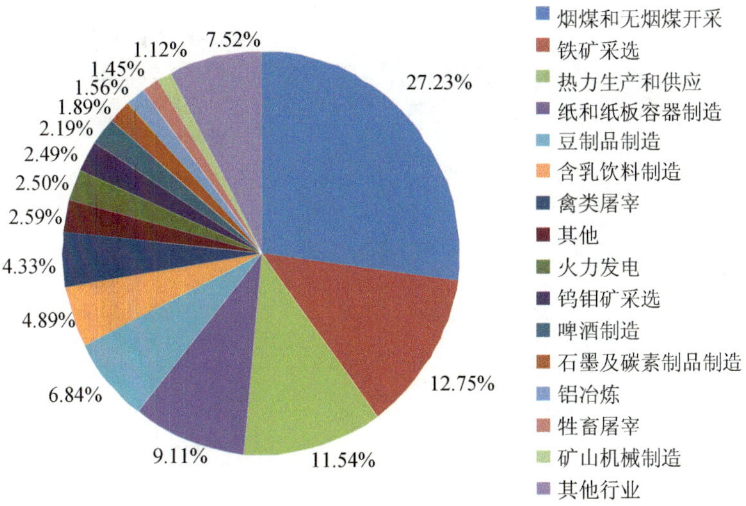

COD

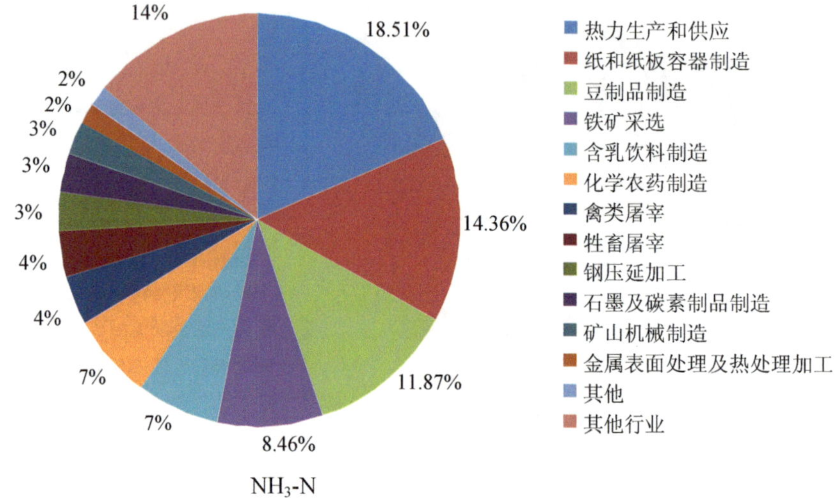

图 1-7 浑河流域不同行业 COD 与 NH_3-N 排放量所占比例

（3）太子河流域

COD、NH_3-N 排放量分别为 10 016.45 t/a、331.76 t/a。其中，COD 排放量较大行业及所占比例：化学药品原料药制造为 2 638.32 t/a，占比 26.34%；原油加工及石油制品制造为 1 322.30 t/a，占比 13.20%；白酒制造为 1 219.12 t/a，占比 12.17%；炼铁为 787.05 t/a，占比 7.86%。NH_3-N 排放量较大行业及所占比例：炼铁为 73.50 t/a，占比 22.15%；化学药品原料药制造为 72.15 t/a，占比 21.75%；棉织造加工为 51.70 t/a，占比 15.58%（图 1-8）。

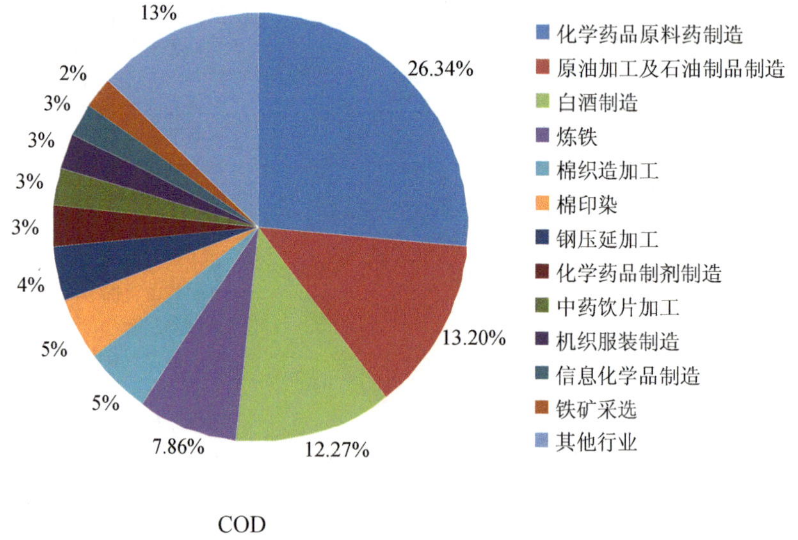

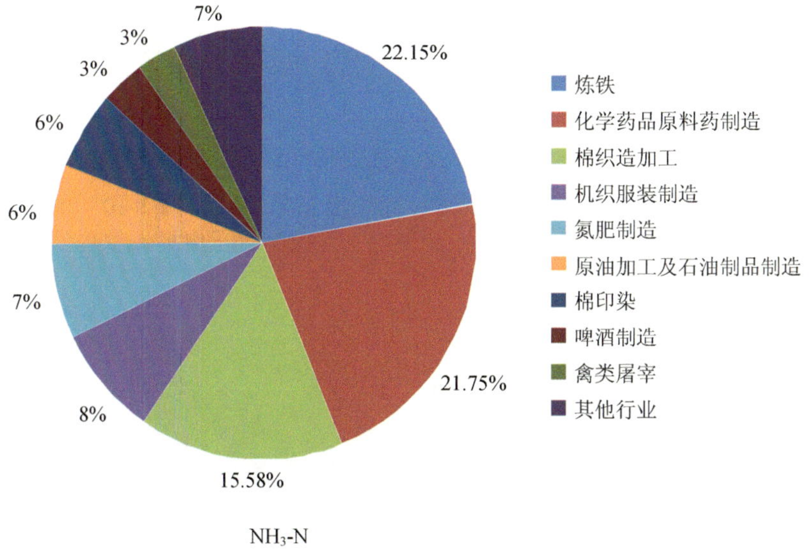

图 1-8　太子河流域不同行业 COD 与 NH_3-N 排放量所占比例

1.3.5　水生态功能分区

“十二五”水专项辽河项目根据辽河流域河流特征、物种保护、水体服务功能等，将辽河流域划分为水源涵养、水文调蓄、生境维护、生物多样性保护等水生态功能区（图 1-9）。

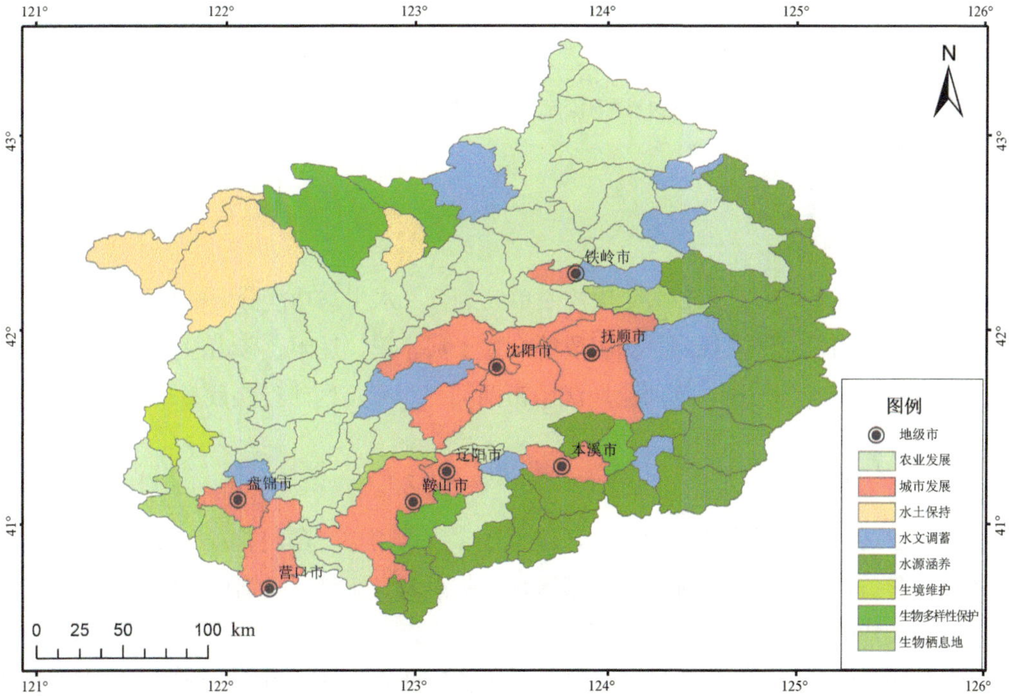

图 1-9　辽河流域（辽宁省）水生态功能分区

1.3.6 控制单元划分

“十二五”水专项根据辽河流域水文特征、水质考核断面分布、行政区完整性等，将辽宁省辽河流域划分为 49 个控制单元，包括铁岭市、沈阳市、盘锦市、抚顺市、本溪市、辽阳市、鞍山市、营口市及阜新市、锦州市部分地区（图 1-10）。

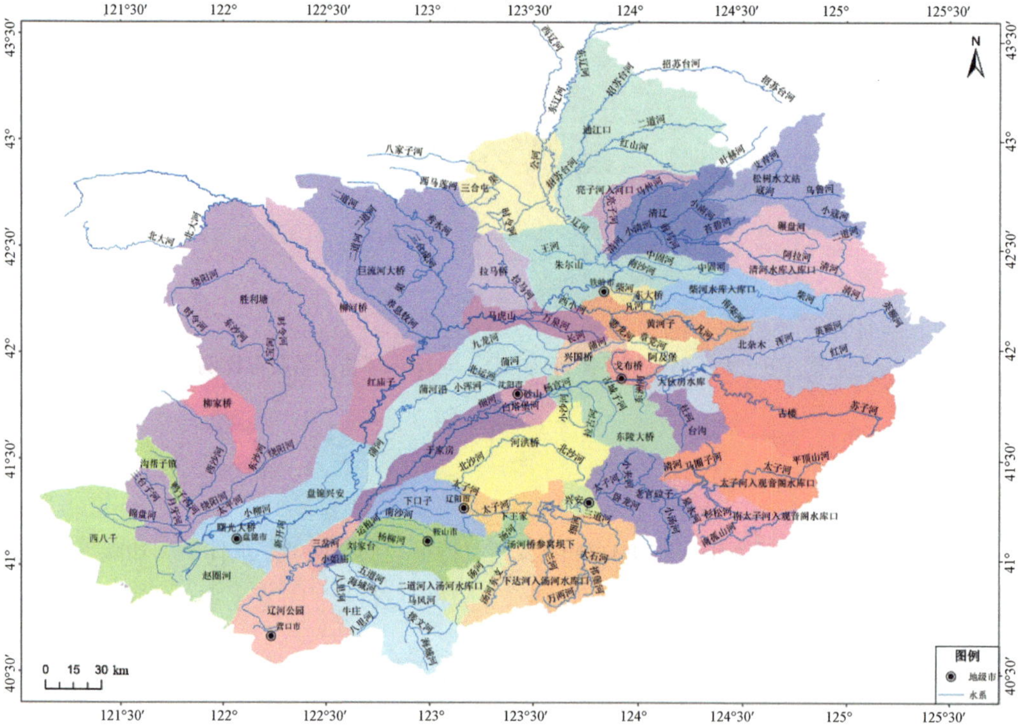

图 1-10 辽河流域（辽宁省）控制单元划分

1.4 研究区范围

在“十一五”“十二五”水专项控制单元划分、水生态功能分区成果的基础上，以辽宁省辽河盘锦段，浑河抚顺、沈阳段等，太子河本溪、辽阳、鞍山段为研究对象，选择辽河铁岭市清河、凡河、浑河流域沈阳市蒲河三个示范区进行实践应用（图 1-11）。

1.4.1 辽河研究区

辽宁省辽河盘锦段亦称双台子河，位于辽宁省西南部，东北邻鞍山市辖区，东南与大辽河与营口市相望，西北邻锦州市辖区，南临渤海辽东湾。盘锦市现辖兴隆台区、双台子区、大洼区、盘山县 4 个行政区。

盘锦地处华北陆台，辽河断陷南部，地貌特征北高南低，由北向南逐渐倾斜，比降为万分之一，坡度为 2°，到辽河下游平原河道比降骤然降低，构成双台子河河口地带连片沼泽，形成冲积平原。市区海拔高度 3～10 m，全市最高 18.2 m（位于盘山县大荒乡北部），最低 0.3 m（位于双台子河口地带）。自然地貌东有千山山脉，西有医巫闾山脉，北有铁法丘陵，西南濒临辽东湾，呈盆地状。

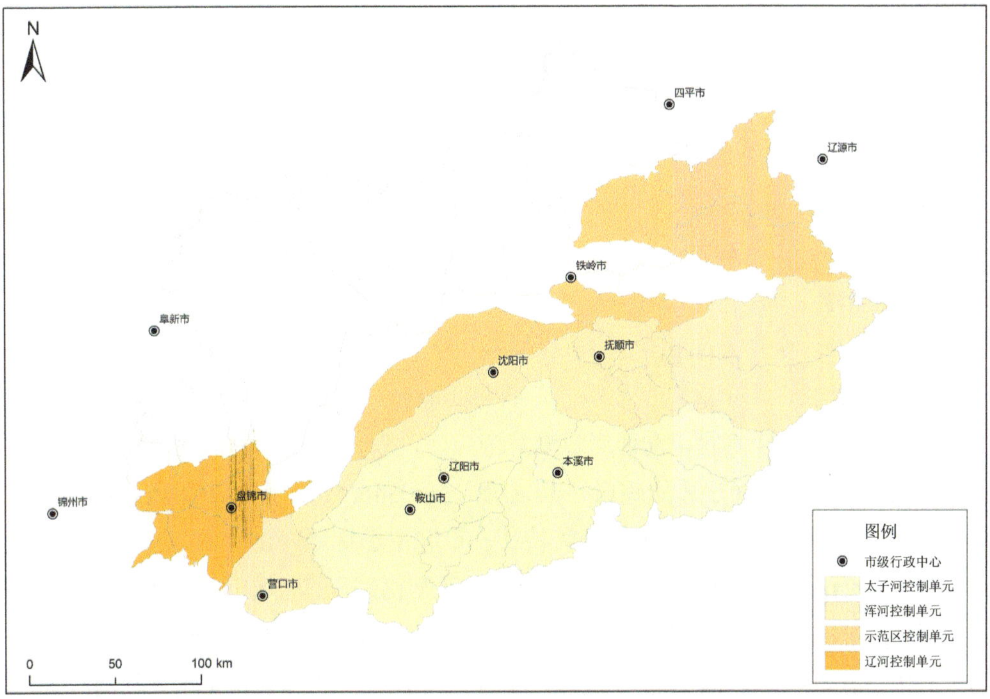

图 1-11　辽河流域研究区范围

辽河由盘山县六间房进入盘锦市，从大洼区赵圈河汇入渤海湾。境内长 124.3 km，占辽河全长的 9%，流域面积 2 526 km^2，包含一统河、小柳河、太平河、清水河、绕阳河和螃蟹沟 6 条主要河流。

清河流域位于辽宁省铁岭市，铁岭市紧邻抚顺市和沈阳市，与吉林省和内蒙古自治区接壤。清河是辽河铁岭段主要一级支流之一，河口地处东经 123.52°、北纬 42.2°，在业民镇汇入辽河。清河水系主要流经开原市、清河区、西丰县、昌图县，流域面积为 5 674.3 km^2，汇水区范围主要包括开原市、清河区、西丰县、昌图县 4 个行政区域。河流长 217.1 km，寇河、小清河、马仲河、碧苔河、碾盘河、阿拉河、二道沟河是清河的一级支流，清河水库位于清河干流上，是当地的重要水源地之一。

凡河为辽河铁岭段一级支流，发源于辽宁省铁岭市白旗寨乡东滚马岭，流经白旗寨乡、鸡冠山乡、大甸子镇、李千户镇、铁岭市种蓄场、凡河镇和铁岭新城区，由东向西横穿铁岭县境，凡河下游河道由新城区中心穿城而过，于凡河镇药王庙村汇入辽河，基本呈东西走向。凡河全长约为 102 km，流域面积约为 1 180.5 km^2。凡河流域研究区范围主要指凡河流域汇水区。

1.4.2 浑河研究区

浑河古称沈水，又称小辽河。历史上曾经是辽河最大的支流，现为独立入海的河流，同时也是辽宁省水资源最丰富的内河。流域范围在辽宁省中东部。浑河源于清原县滚马岭，流经抚顺、沈阳等市县，在海城古城子附近纳太子河，向南流至营口市附近入辽东湾，全长 415 km。

浑河研究区域包括浑河抚顺段与沈阳段两部分。

抚顺市位于辽宁省东部，东与吉林省接壤，西距省会沈阳市约 45 km，北与铁岭毗邻，南与本溪相望。抚顺市现辖 4 个区（新抚区、望花区、东洲区、顺城区），3 个县（清原满族自治县、新宾满族自治县、抚顺县），2 个省级开发区（抚顺经济开发区、抚顺胜利开发区），全市总面积约为 11 271 km^2。

抚顺市地处长白山余脉，呈东南高、西北低地势，东北部的长白山支脉吉林哈达岭进入抚顺市后，沿着浑河北岸向西南逐渐降为丘陵。抚顺市地势较高，平均海拔在 400～500 m，地势最高处为辽宁屋脊钢山，其顶峰海拔 1 346.7 m。抚顺的土地结构是“八山一水一分田”，多山是抚顺的主要地貌特征。市区位于抚顺西部浑河河谷冲积平原上，海拔在 65～99 m，呈东西走向，南北为山地，浑河由东至西将市区分割成南北两部分。

抚顺境内浑河干流长约为 207.5 km，流域面积约为 7 353 km^2，约占全流域面积的 63.7%，约占抚顺地区总面积的 65.2%。浑河大伙房水库上游主要支流有红河、苏子河和社河，浑河（抚顺市区段）主要支流有东洲河、章党河、海新河、欧家河、古城子河、将军河、李石河。

浑河流域沈阳段位于辽宁省中部，沈阳全市总面积约为 12 948 km^2，市区面积约为 3 495 km^2。山地丘陵集中在东北部和东南部，西部为辽河、浑河冲积平原，地形由北东向南西、两侧向中部倾斜。境内地势最高处位于北八虎山，海拔约为 442.9 m；最低处位于辽中县于家房的前左家村，海拔为 5 m。

浑河在沈阳境内全长约为 172.6 km，流域面积约为 4 572 km^2，包括一级支流杨官河、张官河、南运河、白塔堡河、细河、蒲河以及蒲河的二级支流南小河、北运河、小浑河、九龙河。

蒲河隶属于浑河水系，是浑河右岸主要支流，发源于铁岭市横道河子乡想儿山，从东北流向西南，主要流经东陵、沈北新区、于洪区、新民市、皇姑区、大东区和辽中行政区。在棋盘山风景区上游望滨乡石砬子村入境，经棋盘山水库，穿长大、沈山两条铁路，经新城子于洪区、新民市于冷子堡徐村入境，流经冷子堡、杨士岗子、刘二堡、潘家堡、辽中镇、城郊乡、博林子、乌伯牛、六间房、老观坨、朱家房 11 个乡镇于朱家房黄土坎村入浑河。蒲河流域全长约为 202 km，流域面积约为 1 359 km^2。

1.4.3　太子河研究区

太子河流经本溪县、本溪市区、灯塔县、辽阳市、鞍山市和海城市，在三岔河附近与浑河汇合。

本溪市位于辽宁省东南部，北接沈阳、抚顺，南连丹东，西接辽阳，东与吉林通化毗邻。本溪市辖两县四区，即本溪满族自治县、桓仁满族自治县和平山区、明山区、溪湖区、南芬区。全市总面积约为 8 348 km^2，其中城区面积约为 140 km^2。

本溪地势以东部、中部较高，南部较低，海拔高度平均为 350 m 左右。桓仁满族自治县境内的花脖子山主峰为全境的最高处，海拔约为 1 336 m。太子河与细河汇合处为全境最低处，海拔约为 85 m。境内东西长约为 184 km^2，南北宽约为 87 km^2，在版图上呈哑铃状。

太子河本溪段主要支流包括南孤山河、南三道河、衫松河、清河、泉水河、小汤河、小夹河、南沙河、卧龙河、五道河、细河。

鞍山段地处环渤海经济区腹地，辽东半岛中部。鞍山市总面积约为 9 255.36 km^2，辖 4 个市辖区（铁东区、铁西区、立山区、千山区），1 个县级市（海城市），1 个县（台安县），1 个自治县（岫岩满族自治县），城区面积约为 797 km^2。共辖 58 个镇、7 个乡、48 个街道办事处。

鞍山段地形地貌特征为东南高，西北低，自东向南北倾斜，主要由平原和山地组成，东南部丘陵地区的海拔多在 300～600 m，中部和西北部的平原地区海拔在 5～200 m。

太子河鞍山段河长 34.7 km，河宽在 123～150 m。其一级支流主要有海城河、五道河、南沙河、杨柳河、运粮河，流域面积约为 3 009.8 km^2。

辽阳段东临本溪市、凤城市、岫岩满族自治县，南接鞍山市、海城市，西接辽中县、台安县，北依沈阳市。辽阳市辖白塔区、文圣区、太子河区、宏伟区、弓长岭区、灯塔市、辽阳县，辖境总面积约为 4 743 km^2。

辽阳市地处辽东低山丘陵与辽河平原的过渡地带，其地貌类型齐全，分异规律清楚，层状地貌典型，地貌分区规整。自东南部边界白云山到西北部界河（浑河）畔，地势由高到低，从中山、低山、高丘陵、低丘陵、台地到平原，层次分明，海拔由 1 000 m 以上到 50 m 以下，依次跌落，构成了东南高、西北低的同向倾斜缓降地势。界临岫岩、凤城和本溪县，境内水泉乡是辽阳地区最高点，大黑山是境内第一高峰，海拔约为 1 181 m；最低点是界临海城市、台安县及辽中县的唐马寨和穆家镇。

太子河在辽阳境内流程约为 143 km，流域面积约为 4 000 km^2，约占辽阳市总面积的 85%。境内河流多为太子河支流，包括细河、兰河、汤河、新开河、北沙河、柳壕河、南沙河、运粮河等多条一级支流，其中流程 10 km 以上的支流多达 24 条。从北、东、南三面汇入太子河，形成向心水系。

第 2 章

辽河流域水体达标区域识别

2.1 水环境质量评价技术

水环境质量评价是对水环境污染状况进行识别和研究的一种科学方法。通过对评价区域的水体进行现状调查和监测，并在进行相关污染源分析的基础上，对区域内的水环境进行定量的描述与评价。目的是识别水体的主要污染物类别，反映水域的污染程度，找出优先控制断面与指标，为制定水污染控制规划提出相应的防治措施和科学依据。为了与现行水环境质量评价结果有效衔接，采用单因子指数评价法对辽河流域水质状况进行评价，分析辽河流域水质状况。

单因子指数 I_i 计算公式见式（2-1）：

$$I_i = \frac{C_i}{L_i} \tag{2-1}$$

式中，C_i —— 第 i 类污染物测定值，mg/L；

L_i —— 第 i 类污染物评价标准，mg/L。

当 $I_i \leqslant 1$ 时，表示水体未污染；当 $I_i > 1$ 时，表示水体被污染。

2.2 辽河流域盘锦段水体达标区域识别

2.2.1 功能区划及水质保护目标

采用“十二五”水专项辽河项目水生态功能分区结果，在辽河流域盘锦段划分 9 个水生态功能三级分区，设定水质保护目标（表 2-1）。

表 2-1　辽河流域盘锦段水生态功能三级分区及水质保护目标

水生态功能三级分区名称	水质保护目标
三台子河农业发展水生态功能区	Ⅳ
双台子河口滨海湿地生物栖息地水生态功能区	Ⅳ
绕阳河下游农业发展水生态功能区	Ⅴ
八一水库水文调蓄水生态功能区	Ⅴ
盘锦城市发展水生态功能区	Ⅳ
黑鱼沟河生境维护水生态功能区	Ⅴ
羊肠河农业发展水生态功能分区	Ⅴ
小柳河农业发展水生态功能区	Ⅴ
辽河下游农业发展水生态功能区	Ⅴ

2.2.2　功能区监测断面布设和水质评价

（1）监测断面布设

由于生态环境部门例行监测断面有限，监测数据支撑数据分析及容量计算有限，为满足数据要求，结合盘锦段例行监测断面布设状况，在部分支流河、干流段增设一些补充监测断面。同一个水生态功能区内至少设置 1 个监测断面，力求监测断面与水文站数据一致。辽河流域盘锦段共布设 10 个水质监测断面（表 2-2、图 2-1）。2013—2015 年分别在平水期、枯水期，2016 年在丰水期进行断面补充监测，为水体污染识别奠定基础。

表 2-2　辽河流域盘锦段水质监测断面

断面名称	经度（E）	纬度（N）	河流名称
绕阳河支流入境 1	122°10′28″	41°25′51″	绕阳河
绕阳河支流入境 2	122°10′28″	41°25′51″	
胜利塘大桥	121°48′29″	41°8′51″	
双台子河大桥	122°2′48″	41°10′24″	辽河
曙光大桥	121°49′36″	41°6′00″	
小柳河闸北桥	122°4′20″	41°11′51″	小柳河
一统河桥	122°0′36″	41°11′15″	一统河
中华北路螃蟹沟	122°1′19″	41°7′12″	螃蟹沟
太平河新生桥	121°55′11″	41°9′34″	太平河
清水河桥	121°56′04″	41°1′59″	清水河

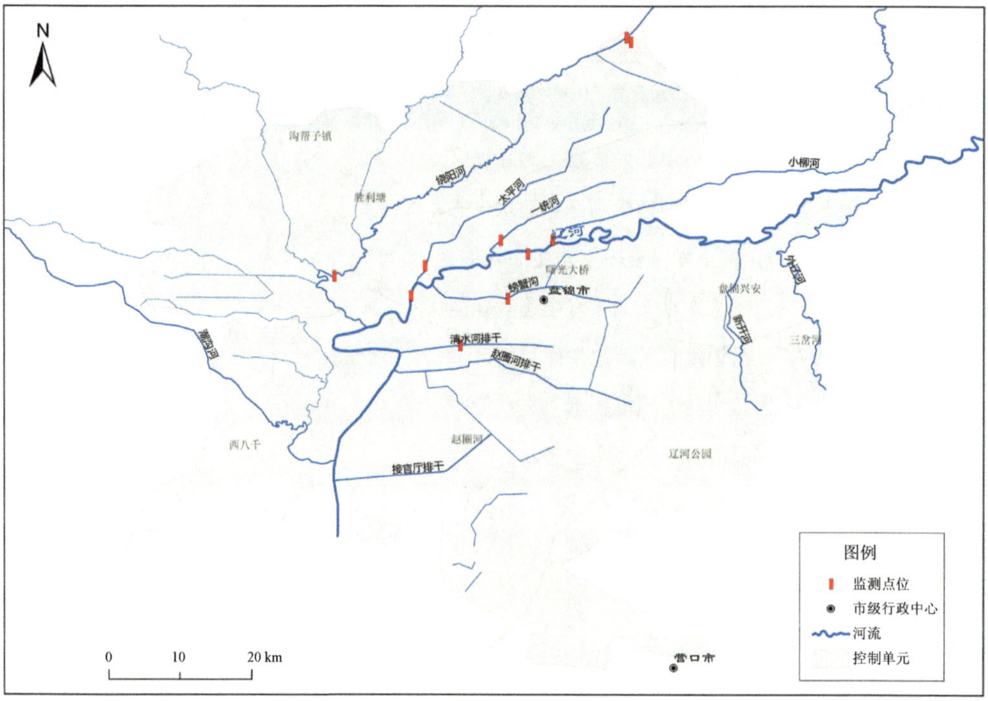

图 2-1 辽河流域盘锦段监测点位

（2）水质评价

采用 2013 年、2014 年盘锦市例行监测断面水质数据，对 2013—2015 年平水期、枯水期和 2016 年丰水期进行断面补充监测。

为了使监测结果具有可比性，选择 2013 年 10 个监测断面水质数据，采用单因子指数评价法对辽河流域盘锦段监测断面水质进行评价，主要污染物选择 COD、NH_3-N，评价结果见表 2-3。

表 2-3 2013 年枯水期和平水期单因子指数

断面名称	水期	单因子指数	
		COD	NH_3-N
绕阳河支流入境 1	枯水期	0.90	0.13
	平水期	0.93	0.13
绕阳河支流入境 2	枯水期	0.97	0.20
	平水期	0.93	0.07
小柳河闸北桥	枯水期	0.95	0.67
	平水期	0.77	1.13

断面名称	水期	单因子指数	
		COD	NH_3-N
双台子河大桥	枯水期	1.70	3.85
	平水期	2.13	0.35
一统河桥	枯水期	2.88	15.55
	平水期	1.40	11.05
中华北路螃蟹沟	枯水期	1.58	8.30
	平水期	1.15	1.65
太平河新生桥	枯水期	1.08	0.20
	平水期	0.78	1.05
曙光大桥	枯水期	0.73	0.60
	平水期	0.90	0.35
胜利塘大桥	枯水期	1.05	0.35
	平水期	1.38	0.25
清水河桥	枯水期	2.00	5.10
	平水期	0.93	1.30

2.2.3　水体达标区域识别

枯水期辽河流域盘锦段有 6 个监测断面水质不达标，分别是双台子河大桥、一统河桥、中华北路螃蟹沟、太平河新生桥、胜利塘大桥、清水河桥，达标率为 40%；平水期有 7 个监测断面水质不达标，分别是小柳河闸北桥、双台子河大桥、一统河桥、中华北路螃蟹沟、太平河新生桥、胜利塘大桥、清水河桥，达标率为 30%（表 2-4）。

表 2-4　2013 年枯水期和平水期达标区域识别结果

断面名称	水期	单因子指数		是否达标	
		COD	NH_3-N	COD	NH_3-N
绕阳河支流入境 1	枯水期	0.90	0.13	达标	达标
	平水期	0.93	0.13	达标	达标
绕阳河支流入境 2	枯水期	0.97	0.20	达标	达标
	平水期	0.93	0.07	达标	达标
小柳河闸北桥	枯水期	0.95	0.67	达标	达标
	平水期	0.77	1.13	达标	不达标

断面名称	水期	单因子指数		是否达标	
		COD	NH_3-N	COD	NH_3-N
双台子河大桥	枯水期	1.70	3.85	不达标	不达标
	平水期	2.13	0.35	不达标	达标
一统河桥	枯水期	2.88	15.55	不达标	不达标
	平水期	1.40	11.05	不达标	不达标
中华北路螃蟹沟	枯水期	1.58	8.30	不达标	不达标
	平水期	1.15	1.65	不达标	不达标
太平河新生桥	枯水期	1.08	0.20	不达标	达标
	平水期	0.78	1.05	达标	不达标
曙光大桥	枯水期	0.73	0.60	达标	达标
	平水期	0.90	0.35	达标	达标
胜利塘大桥	枯水期	1.05	0.35	不达标	达标
	平水期	1.38	0.25	不达标	达标
清水河桥	枯水期	2.00	5.10	不达标	不达标
	平水期	0.93	1.30	达标	不达标

2.3 浑河流域水体达标区域识别

2.3.1 功能区划及水质保护目标

采用“十二五”水专项辽河项目水生态功能分区结果，在浑河流域抚顺段、沈阳段划分 10 个水生态功能三级分区，设定水质保护目标（表 2-5）。

表 2-5 浑河流域水生态功能三级分区及水质保护目标

水生态功能三级分区名称	水质保护目标
古城河城市发展水生态功能区	Ⅳ
抚顺市城市发展水生态功能区	Ⅳ
大伙房水库水文调蓄水生态功能区	Ⅱ
苏子河源头水源涵养水生态功能区	Ⅱ
浑河源头水源涵养水生态功能区	Ⅱ
浑河入大辽河口农业发展水生态功能区	Ⅳ

水生态功能三级分区名称	水质保护目标
浑河中下游城市发展水生态功能区	III
浑河下游农业发展水生态功能区	III
蒲河下游农业发展水生态功能区	IV
团结水库水文调蓄水生态功能区	IV

2.3.2　功能区监测断面布设和水质评价

（1）监测断面布设

监测断面布设方法与辽河流域盘锦段相同。浑河流域共布设 31 个水质监测断面（表 2-6、图 2-2）。

表 2-6　浑河流域水质监测断面

断面名称	经度（E）	纬度（N）	河流名称
英额河口	124°54′50″	42°5′28″	英额河
北杂木	124°21′44″	41°58′19″	浑河干流
台沟	124°8′06″	41°47′22″	社河
古楼	124°21′38″	41°52′16″	苏子河
大伙房水库坝下	124°5′14″	41°53′23″	浑河干流
章党河口	124°4′36″	41°54′14″	章党河
东洲河口	124°2′00″	41°51′37″	东洲河
海新河口	124°0′04″	41°50′58″	海新河
欧家河口	123°55′12″	41°52′48″	欧家河
将军河口	123°52′59″	41°52′52″	将军河
方晓河口	123°46′44″	41°52′53″	方晓河
古城子河口	123°49′20″	41°51′06″	古城子河
李石河口	123°42′36″	41°50′11″	李石河
七间房	125°1′55″	42°9′11″	浑河干流
高坎大桥	123°39′42″	41°50′03″	
七台子	122°54′43″	41°26′46″	
工农桥	123°24′11″	41°45′51″	
白塔堡河入浑河后 500 m	123°20′03″	41°43′09″	
砂山	123°22′10″	40°44′59″	

断面名称	经度（E）	纬度（N）	河流名称
于家房	122°39′40″	41°14′34″	浑河干流
大伙房水库入口	124°21′13″	41°53′49″	
新开河源头	123°35′41″	41°49′35″	新开河
新开河分叉前	123°30′09″	41°48′03″	
南运河起点	123°30′07″	41°48′04″	南运河
南运河口	123°23′25″	41°45′41″	
北运河起点	123°30′07″	41°48′04″	北运河
杨官河口	123°31′07″	41°46′21″	杨官河
张官河口	123°30′28″	41°45′20″	张官河
白塔堡河口	123°22′47″	41°42′09″	白塔堡河
细河土台子桥	122°59′42″	41°31′32″	细河
蒲河大桥	122°45′41″	41°22′25″	蒲河

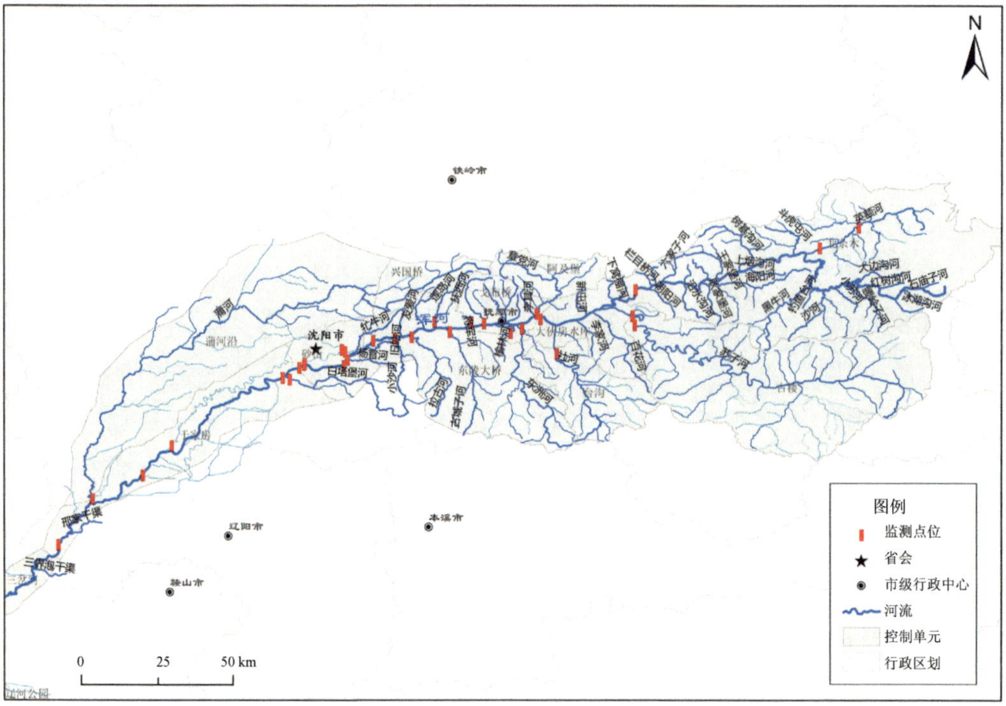

图 2-2 浑河流域监测点位

（2）水质评价

数据采集方法、监测年份、监测频次与辽河流域盘锦段相同。浑河流域抚顺段、沈阳段水质评价年份、评价方法与辽河流域盘锦段相同，水质评价结果见表 2-7。

表 2-7　2013 年枯水期和平水期单因子指数

断面名称	水期	单因子指数		断面名称	水期	单因子指数	
		COD	NH_3-N			COD	NH_3-N
北杂木	枯水期	0.73	0.1	大伙房水库坝下	枯水期	0.53	0.01
	平水期	0.33	0.12		平水期	0.53	0.01
古楼	枯水期	0.565	0.125	方晓河口	枯水期	0.93	0.51
	平水期	0.26	0.505		平水期	0.93	0.13
台沟	枯水期	1	1	高坎大桥	枯水期	3.2	6.5
	平水期	0.815	0.6		平水期	1	4.2
章党河口	枯水期	1.01	0.405	新开河源头	枯水期	3.4	6.15
	平水期	1	0.03		平水期	1	3
东洲河口	枯水期	1.12	0.18	新开河分叉前	枯水期	1	6.4
	平水期	1.17	0.03		平水期	1	3.8
欧家河口	枯水期	1.94	2.3	南运河起点	枯水期	1	6.4
	平水期	0.885	1.97		平水期	1	3.8
海新河口	枯水期	0.94	0.56	北运河起点	枯水期	1	6.4
	平水期	0.84	2.66		平水期	1	3.8
将军河口	枯水期	0.45	0.29	杨官河口	枯水期	4.3	6
	平水期	0.84	1.55		平水期	1	6.1
古城子河口	枯水期	2.12	3.47	张官河口	枯水期	5.5	13.05
	平水期	1.91	1.97		平水期	3.4	6.1
李石河口	枯水期	0.97	2.01	工农桥	枯水期	1	7.1
	平水期	0.96	1.825		平水期	3.8	6.11
七间房	枯水期	0.55	0.99	南运河口	枯水期	4.8	8.55
	平水期	0.68	0.94		平水期	4.1	3.6
砂山	枯水期	0.22	2.45	白塔堡河口	枯水期	6.2	9.5
	平水期	0.45	0.4		平水期	4	6.6
七台子	枯水期	4.89	12.28	白塔堡河入浑河后 500 m	枯水期	4.9	6.75
	平水期	1.64	9.02		平水期	5.9	6.8
于家房	枯水期	0.45	2.36	细河土台子桥	枯水期	6.05	6.8
	平水期	0.63	1.01		平水期	6.43	9.85
英额河口	枯水期	0.91	0.44	蒲河大桥	枯水期	5.7	6.4
	平水期	0.88	0.8		平水期	4.7	6.3
大伙房水库入口	枯水期	0.64	0.26				
	平水期	0.78	0.2				

2.3.3 水体达标区域识别

在浑河流域布设的 31 个监测断面中，枯水期有 21 个监测断面水质不达标，达标率为 32.26%；平水期有 21 个监测断面水质不达标，达标率为 32.26%。抚顺段东洲河口、欧家河口、章党河口、古城子河口、李石河口水质超标，沈阳段支流入干流处水质基本超标（表 2-8）。

表 2-8 2013 年枯水期和平水期达标区域识别结果

断面名称	水期	单因子指数		是否达标		断面名称	水期	单因子指数		是否达标	
		COD	NH_3-N	COD	NH_3-N			COD	NH_3-N	COD	NH_3-N
北杂木	枯水期	0.73	0.1	达标	达标	方晓河口	枯水期	0.93	0.51	达标	达标
	平水期	0.33	0.12	达标	达标		平水期	0.93	0.13	达标	达标
古楼	枯水期	0.565	0.125	达标	达标	高坎大桥	枯水期	3.2	6.5	不达标	不达标
	平水期	0.26	0.505	达标	达标		平水期	1	4.2	达标	不达标
台沟	枯水期	1	1	达标	达标	新开河源头	枯水期	3.4	6.15	不达标	不达标
	平水期	0.815	0.6	达标	达标		平水期	1	3	达标	不达标
章党河口	枯水期	1.01	0.405	不达标	达标	新开河分叉前	枯水期	1	6.4	达标	不达标
	平水期	1	0.03	达标	达标		平水期	1	3.8	达标	不达标
东洲河口	枯水期	1.12	0.18	不达标	达标	南运河起点	枯水期	1	6.4	达标	不达标
	平水期	1.17	0.03	不达标	达标		平水期	1	3.8	达标	不达标
欧家河口	枯水期	1.94	2.3	不达标	不达标	北运河起点	枯水期	1	6.4	达标	不达标
	平水期	0.885	1.97	达标	不达标		平水期	1	3.8	达标	不达标
海新河口	枯水期	0.94	0.56	达标	达标	杨官河口	枯水期	4.3	6	不达标	不达标
	平水期	0.84	2.66	达标	不达标		平水期	1	6.1	达标	不达标
将军河口	枯水期	0.45	0.29	达标	达标	张官河口	枯水期	5.5	13.05	不达标	不达标
	平水期	0.84	1.55	达标	不达标		平水期	3.4	6.1	不达标	不达标
古城子河口	枯水期	2.12	3.47	不达标	不达标	工农桥	枯水期	1	7.1	达标	不达标
	平水期	1.91	1.97	不达标	不达标		平水期	3.8	6.11	不达标	不达标
李石河口	枯水期	0.97	2.01	达标	不达标	南运河口	枯水期	4.8	8.55	不达标	不达标
	平水期	0.96	1.825	达标	不达标		平水期	4.1	3.6	不达标	不达标
七间房	枯水期	0.55	0.99	达标	达标	白塔堡河口	枯水期	6.2	9.5	不达标	不达标
	平水期	0.68	0.94	达标	达标		平水期	4	6.6	不达标	不达标

断面名称	水期	单因子指数		是否达标		断面名称	水期	单因子指数		是否达标	
		COD	NH_3-N	COD	NH_3-N			COD	NH_3-N	COD	NH_3-N
砂山	枯水期	0.22	2.45	达标	不达标	白塔堡河入浑河后500 m	枯水期	4.9	6.75	不达标	不达标
	平水期	0.45	0.4	达标	达标		平水期	5.9	6.8	不达标	不达标
七台子	枯水期	4.89	12.28	不达标	不达标	细河土台子桥	枯水期	6.05	6.8	不达标	不达标
	平水期	1.64	9.02	不达标	不达标		平水期	6.43	9.85	不达标	不达标
于家房	枯水期	0.45	2.36	达标	不达标	蒲河大桥	枯水期	5.7	6.4	不达标	不达标
	平水期	0.63	1.01	达标	不达标		平水期	4.7	6.3	不达标	不达标
大伙房水库入口	枯水期	0.64	0.26	达标	达标	英额河口	枯水期	0.91	0.44	达标	达标
	平水期	0.78	0.2	达标	达标		平水期	0.88	0.8	达标	达标
大伙房水库坝下	枯水期	0.53	0.01	达标	达标						
	平水期	0.53	0.01	达标	达标						

2.4　太子河流域水体达标区域识别

2.4.1　功能区划及水质保护目标

采用“十二五”水专项辽河项目水生态功能分区结果，在太子河流域本溪段、鞍山段、辽阳段划分 28 个水生态功能三级分区，设定水质保护目标（表 2-9）。

表 2-9　太子河流域水生态功能三级分区及水质保护目标

水生态功能三级分区名称	水质保护目标
北沙河农业发展水生态功能区	Ⅳ
细河源头水源涵养水生态功能区	Ⅱ
细河中下游水源涵养水生态功能区	Ⅳ
本溪市城市发展水生态功能区	Ⅳ
小夹河水源涵养水生态功能区	Ⅲ
五道河生物多样性保护水生态功能区	Ⅲ
小汤河水源涵养水生态功能区	Ⅲ
西太子河水源涵养水生态功能区	Ⅱ
观音阁水库水文调蓄水生态功能区	Ⅱ
太子河下游农业发展水生态功能区	Ⅴ

水生态功能三级分区名称	水质保护目标
太子河汇入大辽河口农业发展水生态功能区	V
鞍山市城市发展水生态功能区	Ⅳ
杨柳河生物多样性保护水生态功能区	Ⅳ
岔沟河水源涵养水生态功能区	V
海城河源头水源涵养水生态功能区	Ⅳ
葠窝水库水文调蓄水生态功能区	III
辽阳市城市发展水生态功能区	III
太子河中下游生物栖息地水生态功能区	Ⅳ
太子河下游农业发展水生态功能区	V
戈西河农业发展水生态功能区	V
马峰河农业发展水生态功能区	V
北沙河农业发展水生态功能区	V
鞍山市城市发展水生态功能区	V
杨柳河生物多样性保护水生态功能区	V
汤河源头水源涵养水生态功能区	II
汤河中下游农业发展水生态功能区	III
兰河水源涵养水生态功能区	Ⅳ
细河中下游水源涵养水生态功能区	Ⅳ

2.4.2 功能区监测断面布设和水质评价

（1）监测断面布设

监测断面布设方法与辽河流域盘锦段相同。太子河流域共布设 71 个水质监测断面（表 2-10、图 2-3）。

表 2-10　太子河流域水质监测断面

断面名称	经度（E）	纬度（N）	所属河流	城市
洋湖沟	125°10′05″	41°31′08″	南太子河	本溪
南孤山河入河口前	124°49′54″	41°22′03″	南孤山河	
南孤山河入南太子河后 500 m	124°49′54″	41°22′03″	南太子河	
南三道河入南太子河前	124°57′54″	41°35′58″	南三道河	
三道河入南太子河后 500 m	125°1′15″	41°31′25″	南太子河	
衫松河入河口前	124°46′39″	41°38′09″	衫松河	

断面名称	经度（E）	纬度（N）	所属河流	城市
衫松河入南太子河后 500 m	124°57′14″	41°24′13″	南太子河	本溪
田师傅河入河口（南甸子镇）	124°47′40″	41°32′14″	田师傅河	
田师傅河入南太子河后 1 000 m	124°45′19″	41°36′26″	南太子河	
马圈子河	124°15′54″	41°26′53″	马圈子河	
清河	124°21′22″	41°36′20″	清河	
泉水河入观音阁水库前	124°24′14″	41°30′50″	泉水河	
汤沟线入小汤河前	124°9′18″	41°9′20″	小汤河	
汤沟线入小汤河后下游 500 m	124°8′08″	41°5′02″	小汤河	
关门山水库出口前	124°20′37″	41°9′54″	小汤河	
二级支流入小汤河入河口前（磨石峪附近）	124°10′55″	41°15′42″	小汤河	
备用水源取水口（香磨附近）	124°8′04″	41°21′39″	小汤河	
小汤河入太子河入河口	124°21′28″	41°30′53″	小汤河	
小汤河入太子河汇合口下游 500 m	124°7′06″	41°19′13″	小汤河	
五道河入太子河入河口前	124°0′25″	41°23′58″	太子河	
五道河入太子河汇合口下游 500 m	123°59′07″	41°23′04″	五道河	
玻璃产业园入河口下游 500 m	123°56′06″	41°23′08″	太子河	
小夹河入太子河河口前	123°54′25″	41°23′02″	太子河	
小夹河入太子河汇合口处下游 500 m	123°54′25″	41°23′02″	小夹河	
老官砬子断面	123°54′11″	41°22′50″	太子河	
卧龙河入太子河河口处	123°50′52″	41°20′02″	太子河	
卧龙河入太子河汇合口处下游 500 m	123°48′55″	41°20′06″	卧龙河	
北沙河入南沙河后下游 500 m（高台子）	123°48′21″	41°22′50″	太子河	
南沙河入太子河河口前	123°48′34″	41°20′01″	南沙河	
南沙河入太子河汇合口下游 200 m	123°48′18″	41°19′23″	南沙河	
支流（自火连寨流过来的支流）入太子河前	123°46′16″	41°19′10″	太子河	
支流入太子河后下游 500 m	123°45′53″	41°18′59″	太子河	
水泥厂下游	124°23′21″	41°37′49″	太子河	
偎东沟入河口前	124°28′11″	41°39′27″	偎东沟	
本钢上游断面	124°17′27″	41°37′59″	太子河	
千金沟入河口处	124°28′11″	41°39′27″	千金沟	
福金沟	123°23′36″	41°29′31″	福金沟	
郑家河入河口前	123°41′15″	41°16′16″	郑家河	
兴安	123°40′39″	41°16′31″	太子河	

断面名称	经度（E）	纬度（N）	所属河流	城市
连山关镇（石哈）细河源头	123°45′31″	40°57′47″	细河	本溪
下马塘镇附近、细河断面	123°44′00″	41°1′45″	细河	
南芬支流入细河河口前	123°45′22″	41°7′04″	细河	
支流入细河汇合口下游 1 000 m	123°44′49″	41°7′19″	细河	
三道河入细河河口前	123°45′23″	41°11′46″	三道河	
三道河入细河汇合口下游 500 m（桥头附近）	122°43′53″	41°12′48″	细河	
细河北台钢厂上游	123°38′21″	41°13′01″	细河	
细河北台钢厂下游	123°38′22″	41°13′12″	细河	
细河入葠窝水库前	123°35′46″	41°15′22″	细河	
新判甲炉大桥	123°6′32″	41°9′59″	南沙河	鞍山
城昂堡大桥	122°58′27″	41°11′35″	南沙河	
邢朝村	122°55′16″	41°8′46″	运粮河	
大阳气村	122°53′06″	41°7′58″	运粮河	
杨柳河桥	122°56′59″	41°3′49″	杨柳河	
腾鳌堡老桥	122°50′12″	41°5′19″	杨柳河	
西新小学	122°43′45″	41°7′01″	杨柳河	
刘家台	122°37′15″	41°2′46″	五道河	
中央堡村	122°40′04″	40°52′26″	海城河	
牛庄	122°32′54″	40°57′14″	海城河	
太子河大桥	122°41′42″	41°7′39″	太子河	
小姐庙	122°30′30″	41°0′32″	太子河	
细河入库前	123°35′46″	41°15′22″	细河	辽阳
兰河入库前	123°35′05″	41°11′37″	葠窝水库入库河流	
葠窝水库坝下	123°30′32″	41°14′28″	太子河干流	
汤河入太子河前	123°25′28″	41°12′02″	汤河	
新开河入太子河前	123°14′49″	41°14′21″	新开河	
下王家	123°9′14″	41°21′07″	太子河干流	
北沙河入太子河前	123°8′33″	41°23′02″	北沙河	
柳壕河入太子河前	122°50′02″	41°16′44″	柳壕河	
南沙河入太子河前	122°49′11″	41°13′37″	南沙河	
运粮河入太子河前	122°44′19″	41°10′56″	运粮河	
下口子	122°43′47″	41°11′32″	太子河干流	

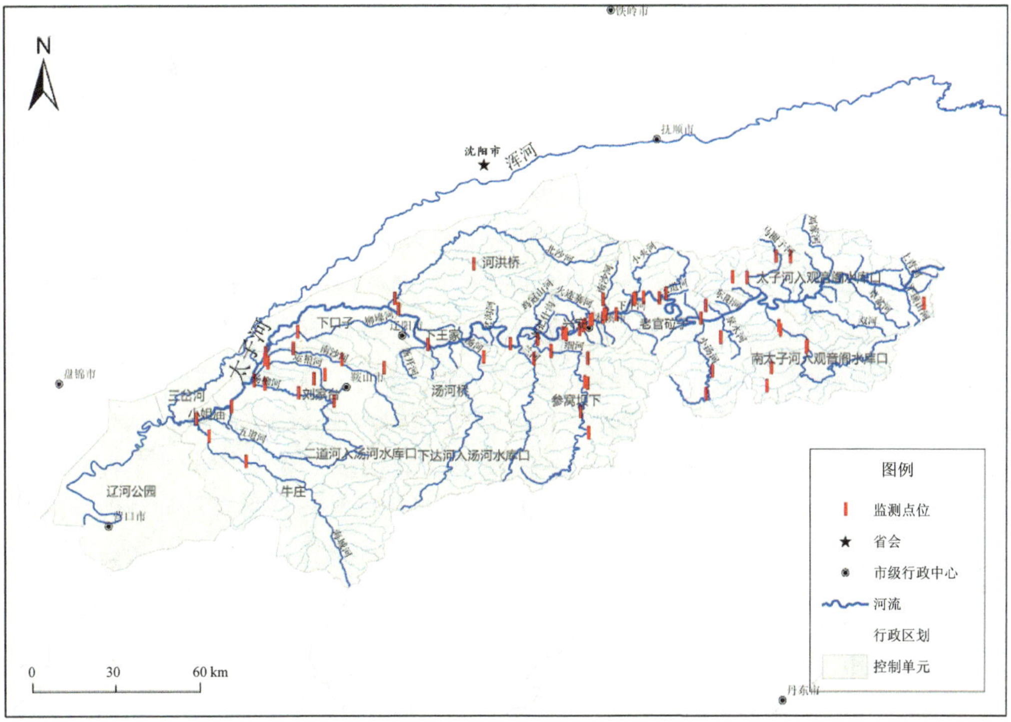

图 2-3　太子河流域监测点位

（2）水质评价

数据采集方法、监测年份、监测频次与辽河流域盘锦段相同。太子河流域本溪段、鞍山段、辽阳段水质评价年份、评价方法与辽河流域盘锦段相同，水质评价结果见表 2-11。

表 2-11　2013 年平水期单因子指数

断面名称	单因子指数		断面名称	单因子指数	
	COD	NH_3-N		COD	NH_3-N
洋湖沟	0.33	0.27	福金沟	11.4	0.21
南孤山河入河口前	0.34	0.08	郑家河入河口前	1.89	1.29
南孤山河入南太子河后 500 m	0.33	0.04	兴安	0.6	0.01
南三道河入南太子河前	0.33	0.02	连山关镇（石哈）细河源头	0.25	0.04
三道河入南太子河后 500 m	0.33	0.02	下马塘镇附近、细河断面	0.25	0.04
衫松河入河口前	0.69	0.06	南芬支流入细河河口前	0.53	0.24
衫松河入南太子河后 500 m	0.33	0.06	支流入细河汇合口下游 1 000 m	0.6	0.46
田师傅河入河口（南甸子镇）	2.41	0.32	三道河入细河河口前	0.24	0.01

断面名称	单因子指数		断面名称	单因子指数	
	COD	NH_3-N		COD	NH_3-N
田师傅河入南太子河后 1 000 m	0.99	0.02	三道河入细河汇合口下游 500 m（桥头附近）	0.31	0.01
马圈子河	0.43	0.02	细河北台钢厂上游	0.36	0.01
清河	0.48	0.02	细河北台钢厂下游	0.58	0.01
泉水河入观音阁水库前	0.59	0.02	细河入葠窝水库前	0.49	0.01
汤沟线入小汤河前	0.34	0.03	细河入库前	0	0.09
汤沟线入小汤河后下游 500 m	0.53	0.06	兰河入库前	0.12	0.07
关门山水库出口前	0.44	0.02	葠窝水库坝下	0.25	0.1
二级支流入小汤河入河口前（磨石峪附近）	0.3	0.05	汤河入太子河前	0.33	0.43
备用水源取水口（香磨附近）	0.25	0.2	新开河入太子河前	3.75	8.56
小汤河入太子河入河口	1.06	0.1	下王家	1.35	0.1
小汤河入太子河汇合口下游 500 m	0.57	0.06	北沙河入太子河前	1.04	3.03
五道河入太子河入河口前	0.44	0.01	柳壕河入太子河前	0.66	4.17
五道河入太子河汇合口下游 500 m	0.53	0.01	南沙河入太子河前	1.14	2.28
玻璃产业园入河口下游 500 m	0.96	0.47	运粮河入太子河前	0.71	3.05
小夹河入太子河河口前	0.5	0.01	下口子	0.83	2
小夹河入太子河汇合口处下游 500 m	0.55	0.01	新判甲炉大桥	0.5	0.6
老官砬子断面	0.49	0.01	城昂堡大桥	2.67	4.4
卧龙河入太子河河口处	1.23	0.01	邢朝村	3.03	4.53
卧龙河入太子河汇合口处下游 500 m	0.67	0.01	大阳气村	3.13	4.6
北沙河入南沙河后下游 500 m（高台子）	0.34	0.08	杨柳河桥	0.73	7.73
南沙河入太子河河口前	0.44	0.33	腾鳌堡老桥	0.63	4.13
南沙河入太子河汇合口下游 200 m	0.6	0.34	西新小学	1.37	5.13
支流（自火连寨流过来的支流）入太子河前	2.19	2.25	刘家台	1.88	6.85
支流入太子河后下游 500 m	0.71	0.02	中央堡村	0.7	0.2
水泥厂下游	0.69	0.65	牛庄	0.55	0.45
催东沟入河口前	1.16	0.96	太子河大桥	0.5	0.95
本钢上游断面	0.66	1.08	小姐庙	0.73	1.65
千金沟入河口处	1.13	1.8			

2.4.3 水体达标区域识别

在太子河流域布设的 71 个监测断面中，有 24 个监测断面水质不达标，达标率为 66.2%。鞍山段不达标区域主要集中于鞍钢、矿山废水排放河段，辽阳段主要集中于新开河、北沙河、南沙河、运粮河（表 2-12）。

表 2-12 2013 年平水期达标区域识别结果

断面名称	单因子指数		是否达标		断面名称	单因子指数		是否达标	
	COD	NH_3-N	COD	NH_3-N		COD	NH_3-N	COD	NH_3-N
洋湖沟	0.33	0.27	达标	达标	福金沟	11.4	0.21	不达标	达标
南孤山河入河口前	0.34	0.08	达标	达标	郑家河入河口前	1.89	1.29	不达标	不达标
南孤山河入南太子河后 500 m	0.33	0.04	达标	达标	兴安	0.6	0.01	达标	达标
南三道河入南太子河前	0.33	0.02	达标	达标	连山关镇（石哈）细河源头	0.25	0.04	达标	达标
三道河入南太子河后 500 m	0.33	0.02	达标	达标	下马塘镇附近、细河断面	0.25	0.04	达标	达标
衫松河入河口前	0.69	0.06	达标	达标	南芬支流入细河河口前	0.53	0.24	达标	达标
衫松河入南太子河后 500 m	0.33	0.06	达标	达标	支流入细河汇合口下游 1 000 m	0.6	0.46	达标	达标
田师傅河入河口（南甸子镇）	2.41	0.32	不达标	达标	三道河入细河河口前	0.24	0.01	达标	达标
田师傅河入南太子河后 1 000 m	0.99	0.02	达标	达标	三道河入细河汇合口下游 500 m（桥头附近）	0.31	0.01	达标	达标
马圈子河	0.43	0.02	达标	达标	细河北台钢厂上游	0.36	0.01	达标	达标
清河	0.48	0.02	达标	达标	细河北台钢厂下游	0.58	0.01	达标	达标
泉水河入观音阁水库前	0.59	0.02	达标	达标	细河入葠窝水库前	0.49	0.01	达标	达标
汤沟线入小汤河前	0.34	0.03	达标	达标	细河入库前	0	0.09	达标	达标
汤沟线入小汤河后下游 500 m	0.53	0.06	达标	达标	兰河入库前	0.12	0.07	达标	达标
关门山水库出口前	0.44	0.02	达标	达标	葠窝水库坝下	0.25	0.1	达标	达标
二级支流入小汤河入河口前（磨石峪附近）	0.3	0.05	达标	达标	汤河入太子河前	0.33	0.43	达标	达标

断面名称	单因子指数		是否达标		断面名称	单因子指数		是否达标	
	COD	NH_3-N	COD	NH_3-N		COD	NH_3-N	COD	NH_3-N
备用水源取水口（香磨附近）	0.25	0.2	达标	达标	新开河入太子河前	3.75	8.56	不达标	不达标
小汤河入太子河入河口	1.06	0.1	不达标	达标	下王家	1.35	0.1	不达标	达标
小汤河入太子河汇合口下游 500 m	0.57	0.06	达标	达标	北沙河入太子河前	1.04	3.03	不达标	不达标
五道河入太子河入河口前	0.44	0.01	达标	达标	柳壕河入太子河前	0.66	4.17	达标	不达标
五道河入太子河汇合口下游 500 m	0.53	0.01	达标	达标	南沙河入太子河前	1.14	2.28	不达标	不达标
玻璃产业园入河口下游 500 m	0.96	0.47	达标	达标	运粮河入太子河前	0.71	3.05	达标	不达标
小夹河入太子河河口前	0.5	0.01	达标	达标	下口子	0.83	2	达标	不达标
小夹河入太子河汇合口处下游 500 m	0.55	0.01	达标	达标	新判甲炉大桥	0.5	0.6	达标	达标
老官砬子断面	0.49	0.01	达标	达标	城昂堡大桥	2.67	4.4	不达标	不达标
卧龙河入太子河河口处	1.23	0.01	不达标	达标	邢朝村	3.03	4.53	不达标	不达标
卧龙河入太子河汇合口处下游 500 m	0.67	0.01	达标	达标	大阳气村	3.13	4.6	不达标	不达标
北沙河入南沙河后下游 500 m（高台子）	0.34	0.08	达标	达标	杨柳河桥	0.73	7.73	达标	不达标
南沙河入太子河河口前	0.44	0.33	达标	达标	腾鳌堡老桥	0.63	4.13	达标	不达标
南沙河入太子河汇合口下游 200 m	0.6	0.34	达标	达标	西新小学	1.37	5.13	不达标	不达标
支流（自火连寨流过来的支流）入太子河前	2.19	2.25	不达标	不达标	刘家台	1.88	6.85	不达标	不达标
支流入太子河后下游 500 m	0.71	0.02	达标	达标	中央堡村	0.7	0.2	达标	达标
水泥厂下游	0.69	0.65	达标	达标	牛庄	0.55	0.45	达标	达标
偏东沟入河口前	1.16	0.96	不达标	达标	太子河大桥	0.5	0.95	达标	达标
本钢上游断面	0.66	1.08	达标	不达标	小姐庙	0.73	1.65	达标	不达标
千金沟入河口处	1.13	1.8	不达标	不达标					

2.5　清河流域水体达标区域识别

2.5.1　功能区划及水质保护目标

采用“十二五”水专项辽河项目水生态功能分区结果，在清河流域划分 7 个水生态功能三级分区，设定水质保护目标（表 2-13、图 2-4）。

表 2-13　清河流域水生态功能三级分区及水质保护目标

水生态功能三级分区名称	水质保护目标
清河下游农业发展水生态功能区	Ⅳ
清河中上游农业发展水生态功能区	Ⅲ
清河源头水源涵养水生态功能区	Ⅱ
寇河上游水源涵养水生态功能区	Ⅳ
寇河中游农业发展水生态功能区	Ⅳ
清河水库水文调蓄水生态功能区	Ⅱ
南城子水库水文调蓄水生态功能区	Ⅱ

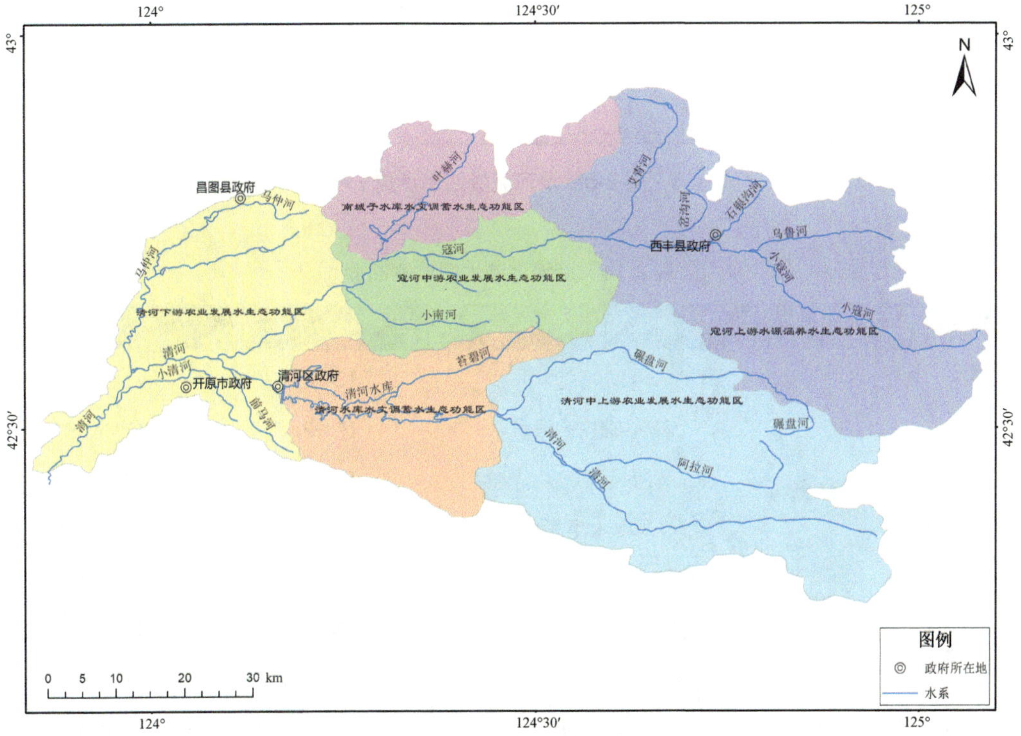

图 2-4　清河流域水生态功能三级分区

2.5.2 功能区监测断面布设和水质评价

（1）监测断面布设

监测断面布设方法与辽河流域盘锦段相同。清河流域共布设 16 个水质监测断面（图 2-5、表 2-14）。

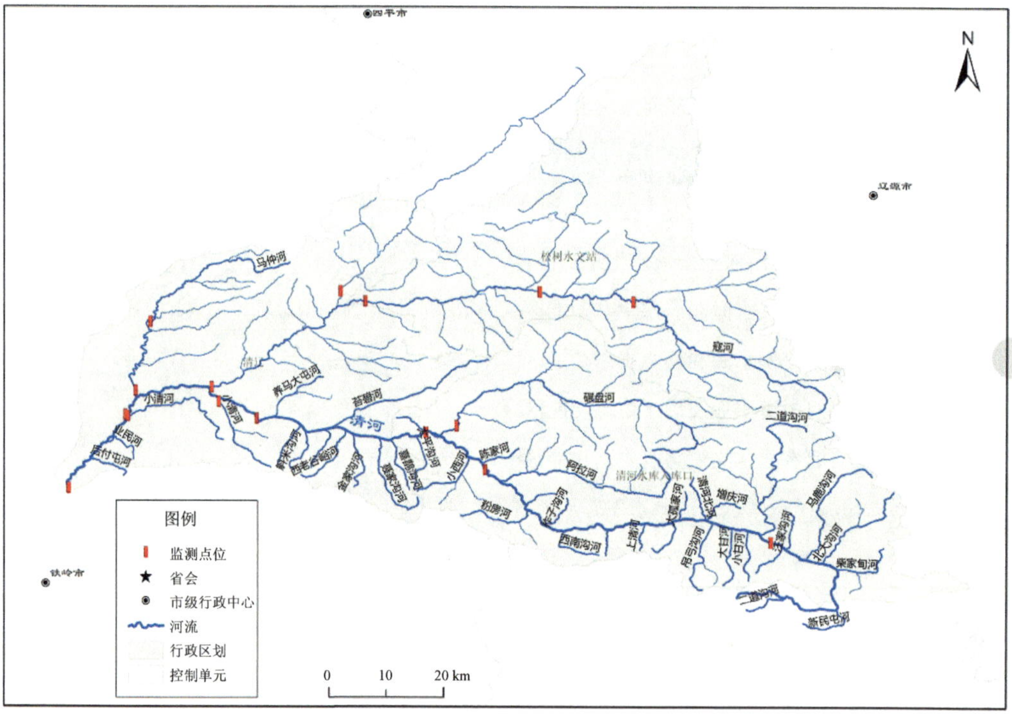

图 2-5 清河流域监测点位

表 2-14 清河流域水质监测断面

河流名称	监测断面	经度（E）	纬度（N）
寇河	寇河（入清河前）	124°11′41″	42°38′43″
	寇河-松树	124°36′55″	42°44′13″
	寇河-更刻	124°46′10″	42°43′22″
	寇河-西丰永丰桥	124°37′17″	42°44′19″
	寇河-南城子水库出口	124°18′22″	42°44′15″
马仲河	马仲河-马圈桥北	124°28′58″	42°31′50″
	清河-马仲河-门脸	124°7′13″	42°32′44″
小清河	小清河-二寨子	124°10′53″	42°16′53″

河流名称	监测断面	经度（E）	纬度（N）
清河干流	清辽断面	123°52′27″	42°26′09″
	清河（小清河汇入前）	124°4′33″	42°35′36″
	清河水库出口	124°31′35″	42°27′43″
	清河-貂皮屯桥	124°58′40″	42°21′02″
	清河-兴隆台	124°59′05″	42°21′13″
	清河-官粮窖大桥	124°31′56″	42°27′51″
碾盘河	碾盘河-耿王庄大桥	124°29′20″	42°31′58″
前马河	前马河（入清河前）	124°7′35″	42°32′53″

（2）水质评价

清河流域水质评价年份、评价方法与辽河流域盘锦段相同。水质评价结果见表 2-15。

表 2-15　2013 年枯水期和平水期单因子指数

断面名称	水期	单因子指数	
		COD	NH_3-N
寇河-松树	枯水期	0.42	0.34
	平水期	0.34	0.31
寇河-更刻	枯水期	0.24	0.13
	平水期	0.24	0.13
寇河-西丰永丰桥	枯水期	0.56	0.92
	平水期	0.40	0.83
寇河-南城子水库出口	枯水期	0.32	0.09
	平水期	0.28	0.04
寇河（入清河前）	枯水期	0.34	0.10
	平水期	0.32	0.14
清河（小清河汇入前）	枯水期	0.28	0.18
	平水期	0.23	0.12
清辽断面	枯水期	0.28	0.63
	平水期	0.25	0.46
清河-貂皮屯桥	枯水期	0.30	0.24
	平水期	0.40	0.44

断面名称	水期	单因子指数	
		COD	NH_3-N
清河水库出口	枯水期	—	—
	平水期	0.30	0.25
清河-兴隆台	枯水期	0.16	0.09
	平水期	0.25	0.29
清河-官粮窖大桥	枯水期	0.29	0.06
	平水期	0.43	0.16
马仲河-马圈桥北	枯水期	0.37	3.07
	平水期	0.67	2.04
清河-马仲河-门脸	枯水期	1.69	9.58
	平水期	0.83	3.53
碾盘河-耿王庄大桥	枯水期	0.31	0.08
	平水期	0.54	0.81
前马河（入清河前）	枯水期	1.03	2.62
	平水期	0.96	1.46
小清河-二寨子	枯水期	0.65	7.52
	平水期	0.84	4.73

2.5.3 水体达标区域识别

在清河流域布设的 16 个监测断面中，枯水期有 4 个监测断面水质不达标，达标率为 75%；平水期有 4 个监测断面水质不达标，达标率为 75%（表 2-16）。马仲河源头至门脸河段、前马河 COD 水质不达标；寇河西丰永丰桥到松树河段、叶赫河到入清河河段、马仲河、前马河、小清河、碾盘河 NH_3-N 不达标。

表 2-16　2013 年枯水期和平水期达标区域识别结果

断面名称	水期	单因子指数		是否达标		断面名称	水期	单因子指数		是否达标	
		COD	NH_3-N	COD	NH_3-N			COD	NH_3-N	COD	NH_3-N
寇河-松树	枯水期	0.42	0.34	达标	达标	清河水库出口	枯水期	—	—	—	—
	平水期	0.34	0.31	达标	达标		平水期	0.3	0.25	达标	达标
寇河-更刻	枯水期	0.24	0.13	达标	达标	清河-兴隆台	枯水期	0.16	0.09	达标	达标
	平水期	0.24	0.13	达标	达标		平水期	0.25	0.29	达标	达标

断面名称	水期	单因子指数		是否达标		断面名称	水期	单因子指数		是否达标	
		COD	NH_3-N	COD	NH_3-N			COD	NH_3-N	COD	NH_3-N
寇河-西丰永丰桥	枯水期	0.56	0.92	达标	达标	清河-官粮窖大桥	枯水期	0.29	0.06	达标	达标
	平水期	0.4	0.83	达标	达标		平水期	0.43	0.16	达标	达标
南城子水库出口	枯水期	0.32	0.09	达标	达标	马仲河-马圈桥北	枯水期	0.37	3.07	达标	不达标
	平水期	0.28	0.04	达标	达标		平水期	0.67	2.04	达标	不达标
寇河（入清河前）	枯水期	0.34	0.1	达标	达标	清河-马仲河-门脸	枯水期	1.69	9.58	不达标	不达标
	平水期	0.32	0.14	达标	达标		平水期	0.83	3.53	达标	不达标
清河（小清河汇入前）	枯水期	0.28	0.18	达标	达标	碾盘河-耿王庄大桥	枯水期	0.31	0.08	达标	达标
	平水期	0.23	0.12	达标	达标		平水期	0.54	0.81	达标	达标
清辽断面	枯水期	0.28	0.63	达标	达标	前马河（入清河前）	枯水期	1.03	2.62	不达标	不达标
	平水期	0.25	0.46	达标	达标		平水期	0.96	1.46	达标	不达标
清河-貂皮屯桥	枯水期	0.3	0.24	达标	达标	小清河-二寨子	枯水期	0.65	7.52	达标	不达标
	平水期	0.4	0.44	达标	达标		平水期	0.84	4.73	达标	不达标

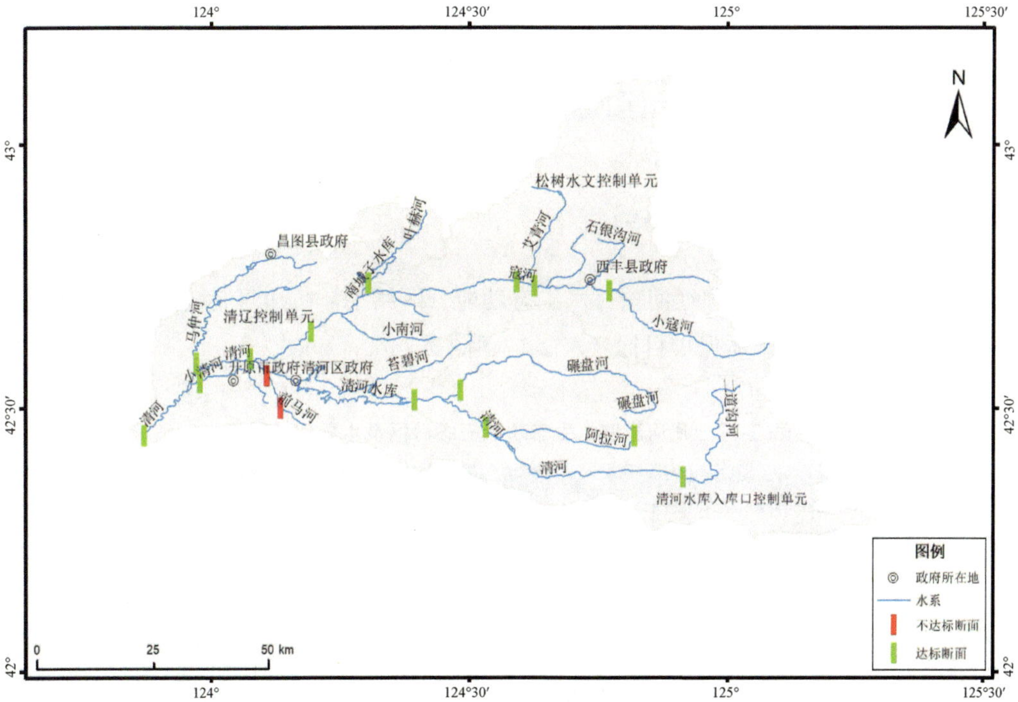

（a）COD

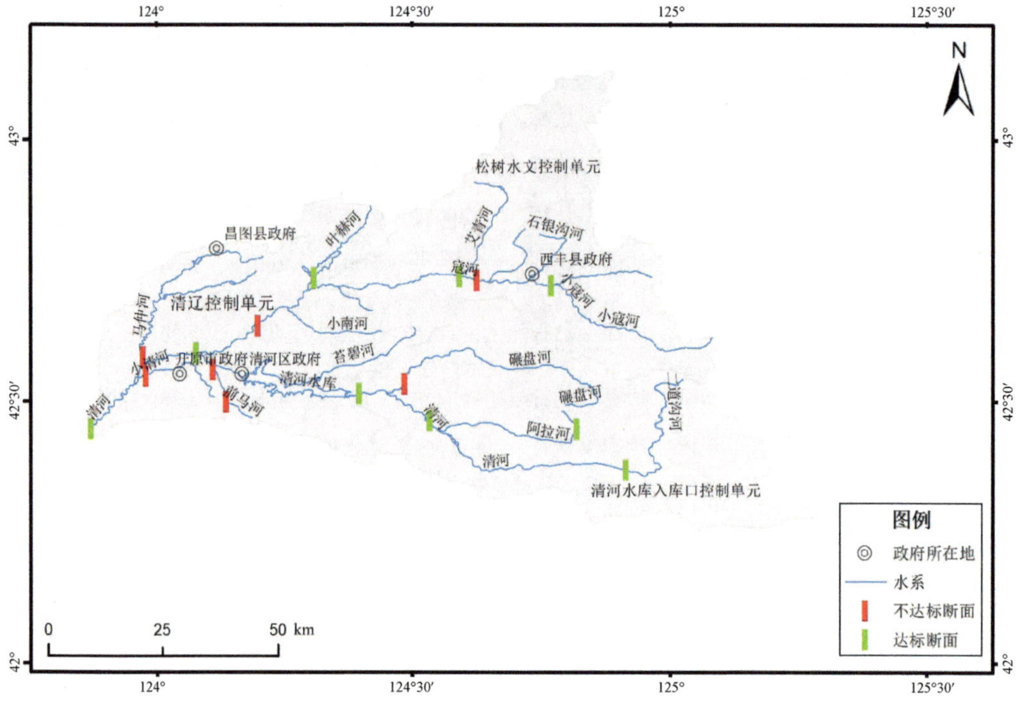

（b）NH_3-N

图 2-6　清河流域水质达标状况

2.6　凡河流域水体达标区域识别

2.6.1　功能区划及水质保护目标

采用“十二五”水专项辽河项目水生态功能分区结果，在凡河流域划分 4 个水生态功能三级分区，设定水质保护目标（表 2-17、图 2-7）。

表 2-17　凡河流域水生态功能三级分区及水质保护目标

水生态功能三级分区名称	水质保护目标
铁岭市城市发展水生态功能区	Ⅳ
凡河下游农业发展水生态功能区	Ⅲ
凡河中游生物栖息地水生态功能区	Ⅱ
凡河源头水生物栖息地水生态功能区	Ⅱ

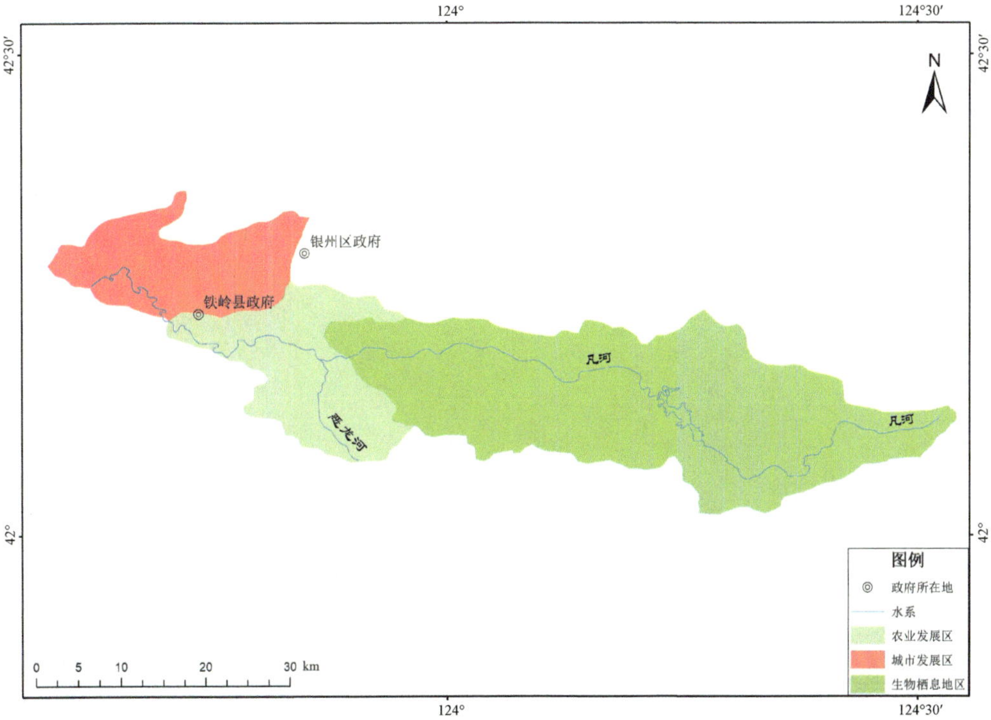

图 2-7　凡河流域水生态功能分区

2.6.2　功能区监测断面布设和水质评价

（1）监测断面布设

监测断面布设方法与辽河流域盘锦段相同。凡河流域共布设 4 个水质监测断面（表 2-18、图 2-8）。

表 2-18　凡河流域水质监测断面

河流名称	监测断面名称	经度（E）	纬度（N）
凡河	黄河子	123°37′28″	42°15′21″
	榛子岭水库	124°12′08″	42°9′39″
	树芽屯桥	123°53′21″	42°11′12″
	贺家屯	123°41′20″	42°8′26″

（2）水质评价

凡河流域水质评价年份、评价方法与辽河流域盘锦段相同，水质评价结果见表 2-19。

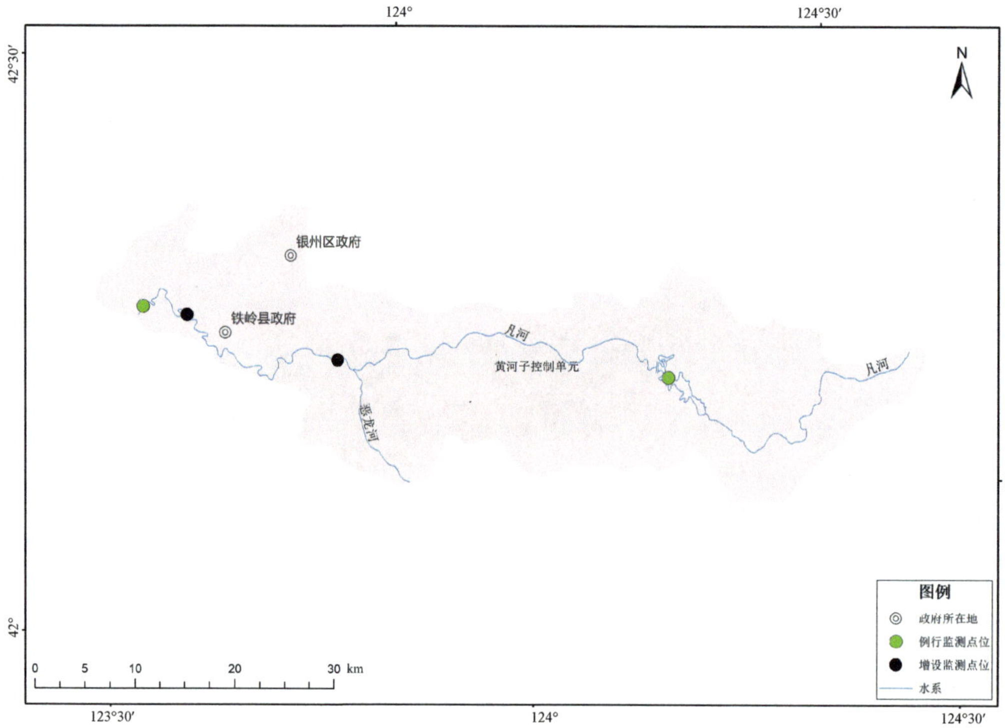

图 2-8 凡河流域监测点位

表 2-19 2013 年枯水期和平水期单因子指数

断面名称	水期	单因子指数	
		COD	NH_3-N
黄河子	枯水期	0.39	0.54
	平水期	0.39	0.46
榛子岭水库	枯水期	—	—
	平水期	0.41	0.27
树芽屯桥	枯水期	0.64	0.12
	平水期	0.47	0.28
贺家屯	枯水期	0.29	0.11
	平水期	0.26	0.20

2.6.3 水体达标区域识别

凡河流域布设的 4 个监测断面均达到水质目标要求（表 2-20）。

表 2-20 2013 年枯水期和平水期达标区域识别结果

断面名称	水期	单因子指数		是否达标		断面名称	水期	单因子指数		是否达标	
		COD	NH_3-N	COD	NH_3-N			COD	NH_3-N	COD	NH_3-N
黄河子	枯水期	0.39	0.54	达标	达标	树芽屯桥	枯水期	0.64	0.12	达标	达标
	平水期	0.39	0.46	达标	达标		平水期	0.47	0.28	达标	达标
榛子岭水库出口	枯水期	—	—	—	—	贺家屯	枯水期	0.29	0.11	达标	达标
	平水期	0.41	0.27	达标	达标		平水期	0.26	0.2	达标	达标

2.7 蒲河流域水体达标区域识别

2.7.1 功能区划及水质保护目标

采用“十二五”水专项辽河项目水生态功能分区结果，在蒲河流域划分 4 个水生态功能三级分区，设定水质保护目标（表 2-21）。

表 2-21 蒲河流域水生态功能三级分区及水质保护目标

水生态功能三级分区名称	水质保护目标
蒲河下游农业发展水生态功能区	Ⅳ
团结水库水文调蓄水生态功能区	Ⅳ
蒲河中游城市发展水生态功能区	Ⅲ
蒲河上游城市发展水生态功能区	Ⅲ

2.7.2 功能区监测断面布设和水质评价

（1）监测断面布设

监测断面布设方法与辽河流域盘锦段相同。蒲河流域布设 18 个水质监测断面（表 2-22、图 2-9）。

表 2-22 蒲河流域水质监测断面

河流名称	监测断面	经度（E）	纬度（N）
蒲河干流	兴国桥	123°37′44″	41°55′69″
蒲河干流	郭大桥	123°22′00″	41°55′39″
蒲河干流	后集体（铁西公安农场汇入）	123°11′07″	41°55′08″
蒲河干流	赵家套（蒲河入境干）	122°59′55″	41°46′08″

河流名称	监测断面	经度（E）	纬度（N）
蒲河干流	蒲河沿（蒲河大桥）	122°45′10″	41°26′56″
蒲河干流	团结水库	122°54′33″	41°45′47″
蒲河干流	仲官桥	123°36′18″	41°55′27″
马泉沟河	马泉沟水入蒲河前	123°35′25″	41°57′36″
蒲河干流	东岗子桥	123°30′24″	41°58′56″
蒲河干流	孝信桥	123°26′11″	41°56′07″
蒲河干流	道义蒲河桥	123°23′09″	41°55′55″
北运河	北运河西大林桥	123°10′36″	41°54′34″
蒲河干流	九龙河入蒲河前	123°11′15″	41°55′29″
蒲河干流	道义二街	123°21′54″	41°55′11″
蒲河干流	平罗桥	123°20′00″	41°55′42″
南小河	南小河入蒲河前	123°16′41″	41°52′37″
小浑河	小浑河入蒲河前	123°07′32″	41°48′25″
蒲河干流	蒲河入浑河前	122°45′41″	41°22′11″

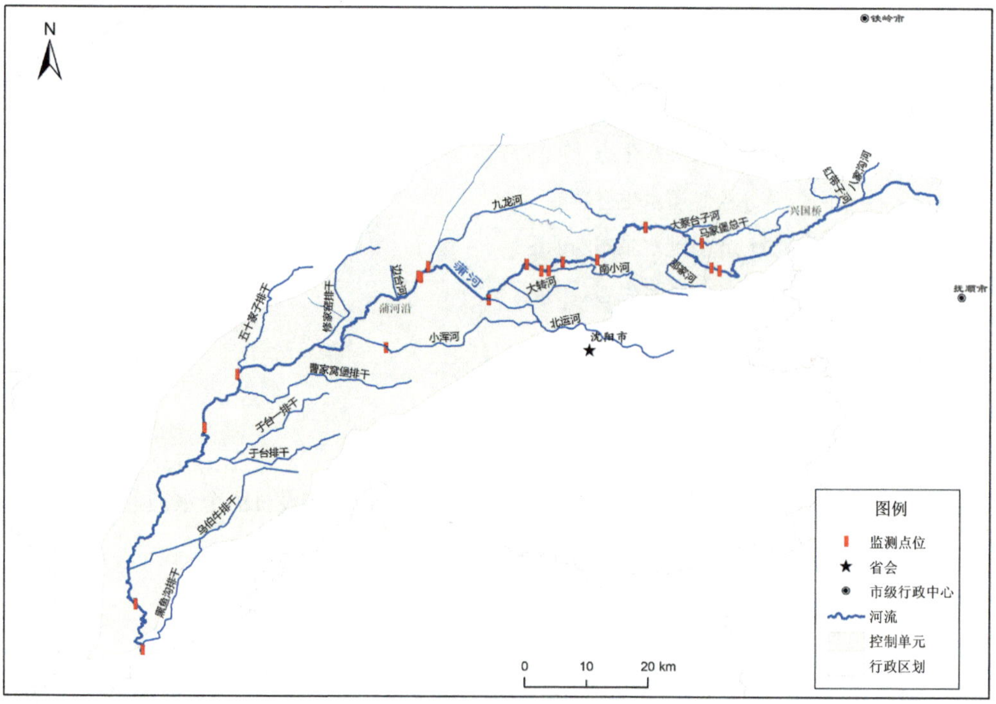

图 2-9　蒲河流域监测点位

（2）水质评价

蒲河流域水质评价年份、评价方法与辽河流域盘锦段相同，水质评价结果见表 2-23。

表 2-23　2013 年枯水期和平水期单因子指数

断面名称	水期	单因子指数	
		COD	NH_3-N
兴国桥	枯水期	0.23	0.07
	平水期	0.33	0.18
郭大桥	枯水期	1.69	3.84
	平水期	1.03	4.27
后集体（铁西公安农场汇入）	枯水期	0.55	4.27
	平水期	0.98	2.7
赵家套（蒲河入境干）	枯水期	0.97	3.63
	平水期	1	1.85
蒲河沿（蒲河大桥）	枯水期	1.1	3.88
	平水期	1.18	0.73
仲官桥	枯水期	1.3	0.4
	平水期	0.2	0.1
马泉沟水入蒲河前	枯水期	0.65	2.1
	平水期	0.35	0.3
蒲西桥	枯水期	1	2.8
	平水期	0.3	1
东岗子桥	枯水期	1.95	1.6
	平水期	0.7	0.8
孝信桥	枯水期	1.35	0.7
	平水期	0.75	1.3
道义蒲河桥	枯水期	1.75	0.4
	平水期	0.55	1
北运河西大林桥	枯水期	0.4	0.05
	平水期	0.7	0.5
九龙河入蒲河前	枯水期	1.6	7.8
	平水期	1.25	3.8
道义二街	枯水期	1.55	7.5
	平水期	1	5.7
平罗桥	枯水期	0.8	1.73
	平水期	0.53	1.73
南小河入蒲河前	枯水期	1.3	9
	平水期	0.57	6.4

断面名称	水期	单因子指数	
		COD	NH_3-N
小浑河入蒲河前	枯水期	1.8	6.5
	平水期	1.15	5.1
蒲河入浑河前	枯水期	1.23	1.87
	平水期	1.17	1.73

2.7.3 水体达标区域识别

在蒲河流域共布设的 18 个监测断面中，枯水期有 16 个监测断面水质不达标，达标率为 11.11%；平水期有 11 个监测断面水质不达标，达标率为 38.89%。不达标区域集中在蒲河城市段、南小河、小浑河、九龙河（表 2-24）。

表 2-24 2013 年枯水期和平水期达标区域识别结果

断面名称	水期	单因子指数		是否达标		断面名称	水期	单因子指数		是否达标	
		COD	NH_3-N	COD	NH_3-N			COD	NH_3-N	COD	NH_3-N
兴国桥	枯水期	0.23	0.07	达标	达标	孝信桥	枯水期	1.35	0.7	不达标	达标
	平水期	0.33	0.18	达标	达标		平水期	0.75	1.3	达标	不达标
郭大桥	枯水期	1.69	3.84	不达标	不达标	道义蒲河桥	枯水期	1.75	0.4	不达标	达标
	平水期	1.03	4.27	不达标	不达标		平水期	0.55	1	达标	达标
后集体（铁西公安农场汇入）	枯水期	0.55	4.27	达标	不达标	北运河西大林桥	枯水期	0.4	0.05	达标	达标
	平水期	0.98	2.7	达标	不达标		平水期	0.7	0.5	达标	达标
赵家套（蒲河入境干）	枯水期	0.97	3.63	达标	不达标	九龙河入蒲河前	枯水期	1.6	7.8	不达标	不达标
	平水期	1	1.85	达标	不达标		平水期	1.25	3.8	不达标	不达标
蒲河沿（蒲河大桥）	枯水期	1.1	3.88	不达标	不达标	道义二街	枯水期	1.55	7.5	不达标	不达标
	平水期	1.18	0.73	不达标	达标		平水期	1	5.7	达标	不达标
仲官桥	枯水期	1.3	0.4	不达标	达标	平罗桥	枯水期	0.8	1.73	达标	不达标
	平水期	0.2	0.1	达标	达标		平水期	0.53	1.73	达标	不达标
马泉沟水入蒲河前	枯水期	0.65	2.1	达标	不达标	南小河入蒲河前	枯水期	1.3	9	不达标	不达标
	平水期	0.35	0.3	达标	达标		平水期	0.57	6.4	达标	不达标
蒲西桥	枯水期	1	2.8	达标	不达标	小浑河入蒲河前	枯水期	1.8	6.5	不达标	不达标
	平水期	0.3	1	达标	达标		平水期	1.15	5.1	不达标	不达标
东岗子桥	枯水期	1.95	1.6	不达标	不达标	蒲河入浑河前	枯水期	1.23	1.87	不达标	不达标
	平水期	0.7	0.8	达标	达标		平水期	1.17	1.73	不达标	不达标

第3章 辽河流域污染负荷核定

3.1 污染负荷核定技术

3.1.1 污染负荷研究现状

（1）国外研究现状

在西方国家，首先引起重视的是以工业污染为主的点源污染排放。工业发展产生了大量废水排入江河湖库，造成严重的水体污染。为此，发达国家投入大量的物力、财力进行水污染治理。经过多年的研究和实践，取得了丰富经验和成果，并且建立了相对完善的管理机制。到 20 世纪中叶，点源污染得到有效控制，水环境得到了明显改善。但是，研究人员发现，单纯地控制点源排放并不能从根本上解决水污染问题，非点源污染逐步引起重视。

20 世纪 70 年代，国外逐渐开展了非点源污染的研究工作，美国加利福尼亚州的 Hydrocomp 公司开始为 EPA（美国国家环保局）研制农药输移和径流负荷模型（PRT），以及城市暴雨洪水管理模型（SWMM）等。1972 年，美国颁布了《美国水污染控制法修正案》，这项法律明确规定，水污染防治规划必须同时包括点源和非点源。这项法律极大地促进了美国非点源污染研究的进展，如 20 世纪 70 年代美国在全国范围内开展大规模非点源污染调查与研究，提出了一些有影响力的非点源污染模型。同时，美国开始进行全国富营养化调查，选择了近千个典型的非点源污染流域，详细研究了流域土地利用情况，力图探索全国范围内的土地利用—营养负荷—富营养化关系，从而建立一种利用“宏观”流域的土地利用与五大湖水质关系的项目，研究了各种单一土地利用类型的单位面积污染负荷，探讨了多种影响因子对污染负荷的影响。

20 世纪 70 年代中期到 80 年代末，非点源污染模型得到迅速发展。从简单的经验统计模型提高到复杂的机理模型并应用到实际管理中，主要成果包括“Green-Ampt 入渗模型”、HSP 水文模型和“农药输移和径流模型—水文模拟程序—农业径流模型—非点源模拟模型”（PRT—HSP—ARM—NPS）等。20 世纪 80 年代至今，遥感技术、人工模拟实验技术、“3S”技术相继引入水环境的非点源研究中。

英国学者 Johns 等于 1990 年提出：从流域规划和管理的宏观角度来说，需要的是能估算和预测流域 TN 和 TP 的年负荷情况，而不是某一种输入水体的污染化合物的具体浓度。输出系数模型在考虑土地利用分类的基础上，还提出根据污染物的排放和处理情况来确定不同污染源的输出系数，同时还考虑了空气沉降等因素，能较为准确地对大尺度流域的非点源污染进行估算和预测。

（2）国内研究现状

我国点源污染控制和管理体系经过多年建设已逐步完善，非点源污染负荷已成为环境科学等学科关注的焦点问题。我国的非点源污染研究开始于 20 世纪 80 年代，主要研究湖泊、水库的富营养模型与 GIS 结合技术等。国外非点源模型快速发展，我国在这一时期主要借鉴国外经验，并研究探索适合本国特征的非点源模型。我国首次将通用土壤流失方程（USLE）用于非点源污染危险区域的识别。20 世纪 80 年代中期，刘枫等在于桥水库流域的研究中，应用了 USLE 定量识别非点源污染发生的时空规律。夏青等以整个流域为研究对象、降雨为输入、径流和污染负荷的传输为输出，建立了计算流域非点源污染负荷的数学模型。

20 世纪 90 年代以后，我国在非点源污染的研究上也有了一定的发展。北京大学李本纲和陶澍分析了 GIS 和环境模型相结合的趋势，并给出了 GIS、RS、ES 与环境模型理想的结合框架；王飞儿等运用 AnnAGNPS 模型对千岛湖流域非点源污染物输出总量及时空分布进行了预测分析，验证了该模型在千岛湖流域的适用性；西安理工大学的李怀恩、沈晋等开发出用于暴雨径流污染负荷计算的响应函数模型和非点源污染数学模型等。

2000 年以后，大批研究者运用各种模型和计算方法在全国不同地区、不同尺度范围内开展了大量应用研究。王志标将 SWMM 模型应用到城市住宅小区非点源污染负荷研究中；吴磊通过引入具有物理机制的 SLURP 分布式水文模型，以流域土地利用类型为研究单元，考虑溶解态氮、磷在输移过程中的损失，借助 GIS 技术，分别建立了流域土地利用输出和农村居民点非点源污染年负荷模型，构建了流域溶解态非点源氮、磷污染年负荷模型；耿润哲等采用改进的输出系数模型，估算了密云水库上游潮河和白河流域平水年和丰水年的非点源污染负荷；李明涛等在 HSPF 模型模拟的基础上，利用 CCA 排序和路径分析等多种统计分析方法，分析了潮河不同水平景观格局与非点源污染过程的相关关系，确定了各景观指数对非点源污染的影响和贡献程度；涂安国等利用水文分割法研究了鄱阳湖非点源污染情况，探求径流氮、磷负荷入湖规律。

非点源污染（面源）是指在降雨径流的淋溶和冲刷作用下，大气、地面和地下污染物进入江河、湖泊水库和海洋等水体造成的水体污染。

由于缺少基础监测资料，大中型流域非点源污染负荷估算一直是国内相关研究的难点。对于流域面积比较大的区域，采用小区试验法误差太大，不能满足精度要求。因此。通常采用模型计算法估算流域的非点源污染，根据计算模型的复杂程度和技术方法不同，模型一般可分为以下三类：简单负荷估值模型、功能性负荷模型和机理性负荷模型。其中，简单负荷估值模型是根据土地利用类型与污染物输出之间的关系而建立的，一般称为输出系数模型。这种方法最大的优点是充分利用相对容易得到的土地利用状况等资料直接建立土地利用与受纳水体非点源污染负荷之间的关系。显然这种方法不能预测单场降雨所产生的非点源污染负荷，但是对于大中型流域可以不必依赖大量的监测数据，方便估算长期的年均值。

3.1.2　污染负荷核定方法

污染负荷核定包括点源污染负荷核定和面源污染负荷核定。点源污染负荷核定方法主要有统计法、通量法、类比分析、物料衡算等，面源污染负荷核定方法主要有输出系数法、水文分割法、经验法、降水量差值法等，本书采用统计法和通量法核定点源污染负荷，采用输出系数法和水文分割法核定面源污染负荷。

（1）点源污染负荷核定方法

点源污染负荷主要采取统计法进行核定。由于数据获取渠道不同，为了避免计算误差，采取通量法计算枯水期水体污染负荷，并将其结果与点源污染负荷核定结果加以比对，修订核定结果。

① 统计法

依据环境统计数据，结合工业企业和污水处理厂申报数据，在数据校核基础上，核定点源污染物入河量，按式（3-1）进行计算：

$$W=31.5Q\rho d \tag{3-1}$$

式中，W——污染物入河量，t/a；

Q——污水出口排放流量，m^3/s；

ρ——污水出口排放质量浓度，mg/L；

d——入河系数。

② 通量法

根据已知河流枯水期平均流量和水质，计算点源污染负荷为

$$W_{点}=\rho_{枯}Q_{枯} \tag{3-2}$$

式中，$W_{点}$——点源污染负荷，t/a；

$\rho_{枯}$——枯水期河流污染物质量浓度，mg/L；

$Q_{枯}$——枯水期河流流量，m^3/s。

（2）面源污染负荷核定方法

① 输出系数法

输出系数法是利用污染物的输出系数估算流域输出的非点源污染负荷。应用基于1∶50000 地形图构建的数字高程图（DEM）和土地覆盖/土地利用类型遥感数据，借助ArcGIS 地理信息技术和遥感技术（RS）获得流域的地形、土地利用、河网等信息，应用输出系数模型，估算示范区控制单元面源污染负荷的输出量。

对于某一固定计算区域（流域）模型的一般表达式为

$$L_j = \sum_{i=1}^{n} E_{ij} A_i + pe \tag{3-3}$$

式中，L_j —— 污染物 j 在流域内的总负荷，t/a；

i —— 流域中非点源污染类型（i=1，2，3，…，n）；

E_{ij} —— 污染物 j 在第 i 种污染源的输出系数，t/（km^2·a），t/（万人·a），t/（万只·a）；

A_i —— 第 i 类非点源污染物的数量，km^2，万人，万只；

P —— 流域内平均降水，mm；

e —— 降雨输出系数，t/（mm·a）。

② 水文分割法

根据上述计算点源的通量法，由已知各月河流平均流量和水质，结合水文分割法计算面源污染负荷，计算公式为

$$W_i = 2.59 \times (\sum_{i=1}^{12} \rho_i Q_i - \sum_{i=1}^{12} \rho_{i枯} Q_{i枯}) \tag{3-4}$$

式中，W_i —— 面源污染负荷，t/a；

ρ_i —— 河流污染物质量浓度，mg/L；

Q_i —— 河流流量，m^3/s；

$\rho_{i枯}$ —— 枯水期河流污染物质量浓度，mg/L；

$Q_{i枯}$ —— 枯水期河流流量，m^3/s。

3.2 辽河流域盘锦段污染负荷核定

3.2.1 点源污染负荷

辽河流域盘锦段点源污染负荷主要包括工业点源、污水处理厂污染负荷，规模化畜禽养殖废弃物已基本回收利用。

（1）直排点源空间分布

据 2013 年盘锦市环境统计数据，辽河流域盘锦段共有直排企业 116 家、污水处理

厂 14 家。其中，55 家直排企业具有明显的排污特征（图 3-1）。

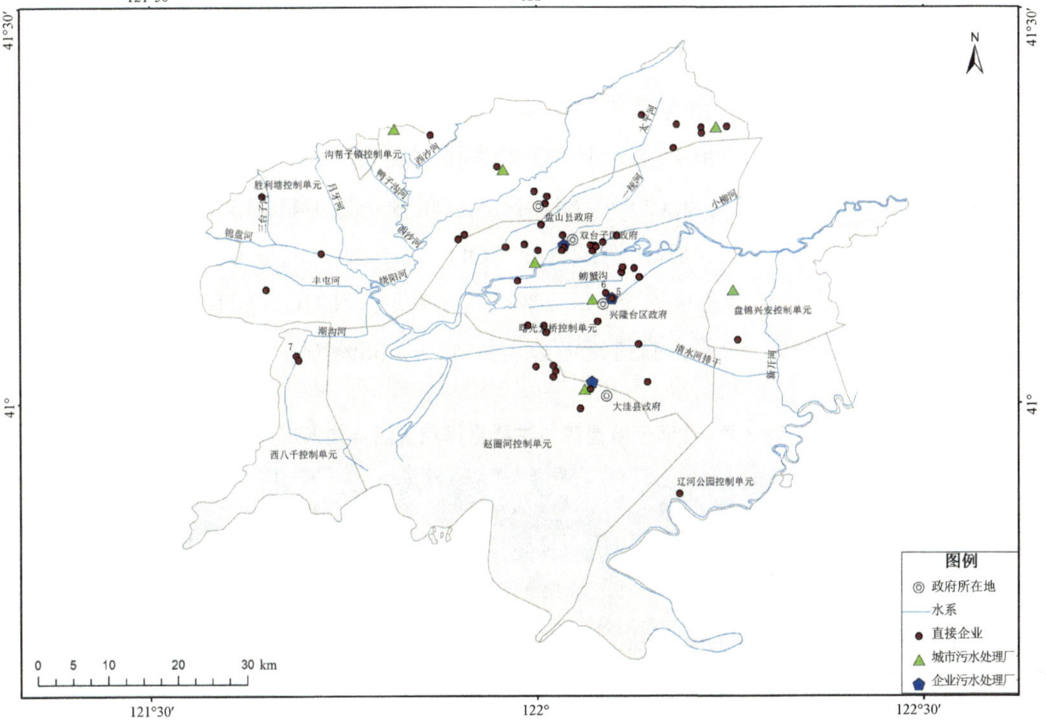

图 3-1 辽河流域盘锦段直排点源空间分布

（2）直排点源污染负荷

① 污染物入河系数确定

污染物入河系数是指进入水体污染物的入河量与污染物排放总量的比值。入河方式不同，污染物输移到水体的过程中因蒸发、沉降等原因产生的损失量也不同，并且损失量会随着输移距离的增加而增加，最终仅有部分污染物进入水体。污染物的排放量与入河量的关系可以根据入河系数确定。根据《全国水环境容量核定技术指南》中给出的入河系数估算方法，以企业排放口和城市污水处理厂污水排放口到入河排污口的距离远近确定入河系数。点源的入河系数可以根据入河距离获得。点源污染物入河系数见表 3-1。

表 3-1 点源污染物入河系数参考值

入河距离（L）		入河系数参考值（d）
距离修正系数	$L \leqslant 1$ km	1.0
	1 km $< L \leqslant$ 10 km	0.9
	10 km $< L \leqslant$ 20 km	0.8
	20 km $< L \leqslant$ 30 km	0.7
	$L >$ 40 km	0.6

② 入河量确定

利用 ArcGIS 定点和测距仪量测直排点源的入河距离，并与百度地图所测量距离作比对，参照表 3-1 确定主要直排点源入河系数，采用统计方法，确定主要直排点源污染物入河量（表 3-2）。依据 2013 年盘锦市环境统计数据核定直排点源污染物入河量，COD 为 5 110.21 t/a、NH_3-N 为 290.73 t/a。主要工业直排点源入河量 COD 为 2 465 t/a、NH_3-N 为 161.24 t/a，其中，石化行业 COD、NH_3-N 入河量分别为 1 416.13 t/a、140.18 t/a，分别占直排点源总量的 28%、48%；造纸行业 COD、NH_3-N 入河量分别为 1 000.25 t/a、13.02 t/a，分别占直排点源总量的 20%、5%；污水处理厂 COD、NH_3-N 入河量分别为 2 263.53 t/a、110.73 t/a，分别占直排点源总量的 44%、38%（图 3-2）。

表 3-2 辽河流域盘锦段主要直排点源污染物入河量

企业名称	入河系数	排放量/（t/a）		入河量/（t/a）	
		COD	NH_3-N	COD	NH_3-N
LHQY1	0.9	4.80	1.08	4.32	0.97
LHWSC2	1	21.49	2.32	21.49	2.32
LHQY3	1	2.46	0.31	2.46	0.31
LHQY4	0.9	0.25	0.02	0.22	0.01
LHQY5	1	613.56	5.46	613.56	5.46
LHQY6	1	0.69	0.18	0.69	0.18
LHQY7	1	3.20	0.33	3.2	0.33
LHQY8	1	10.24	1.44	10.24	1.44
LHQY9	1	194.62	30.7	194.62	30.7
LHQY10	1	69.08	48.2	69.08	48.2
LHWSC11	0.9	1 641.87	72.97	1 477.68	65.67
LHQY12	1	1 000.25	13.02	1 000.25	13.02
LHQY13	0.9	13.30	9.3	11.98	8.37
LHWSC14	1	4.87	0.44	4.87	0.44
LHWSC15	0.9	3.94	0.34	3.55	0.3
LHQY16	0.9	517.63	43.5	465.87	39.15
LHQY17	1	70.00	2.8	70	2.8
LHQY18	1	4.00	0.22	4	0.22
LHQY19	1	0.38	0.02	0.38	0.02
LHQY20	1	1.20	0.22	1.2	0.22

企业名称	入河系数	排放量/（t/a）		入河量/（t/a）	
		COD	NH_3-N	COD	NH_3-N
LHQY21	1	4.34	0.09	4.34	0.09
LHQY22	1	0.56	0.1	0.56	0.1
LHQY23	0.9	5.23	0.28	4.71	0.25
LHWSC24	1	2.98	0.28	2.98	0.28
LHWSC25	1	283.71	21.9	283.71	21.9
LHWSC26	1	3.36	0.32	3.36	0.32
LHWSC27	1	5.49	0.78	5.49	0.78
LHQY28	1	3.32	9.4	3.32	9.4
LHWSC29	1	449.16	17.69	449.16	17.69
LHWSC30	1	11.24	1.03	11.24	1.03

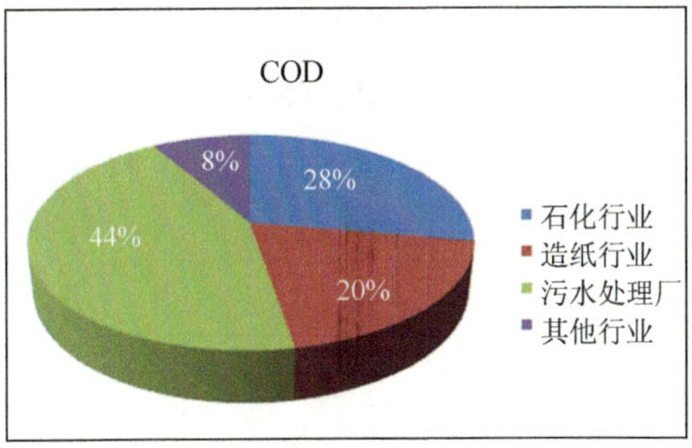

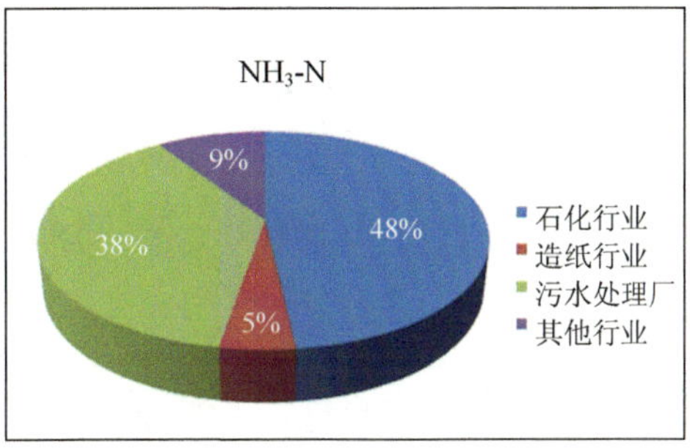

图 3-2　辽河流域盘锦段不同行业直排点源污染负荷贡献率

（3）受纳水体直排点源污染物入河量

一统河、螃蟹沟、绕阳河点源污染物入河量较大，COD、NH_3-N 分别占点源入河总量的 13.77%、7.56%，42.58%、60.67%，31.84%、18.90%（表 3-3）。

表 3-3　受纳水体直排点源污染物入河量　　单位：t/a

受纳水体	工业源入河量		污水处理厂入河量		入河量合计	
	COD	NH_3-N	COD	NH_3-N	COD	NH_3-N
小柳河	4.97	0.97	102.50	8.54	107.47	9.51
一统河	557.68	18.41	58.58	0.52	616.26	18.93
螃蟹沟	263.90	78.90	1 641.87	72.97	1 905.77	151.87
太平河	19.28	1.94	72.98	6.08	92.26	8.02
绕阳河	1 417.16	46.61	7.93	0.69	1 425.09	47.30

受纳水体	工业源入河量		污水处理厂入河量		入河量合计	
	COD	NH_3-N	COD	NH_3-N	COD	NH_3-N
清水河	187.82	3.70	295.54	23.28	483.36	26.98
辽河干流	19.60	9.40	460.40	18.72	480.00	28.12

3.2.2 非点源污染负荷

根据数据收集情况，应用格拉布斯准则法剔除盘锦段水文和水质数据的异常值，采用水文分割法核定非点源污染负荷（表 3-4）。

表 3-4 辽河流域盘锦段支流非点源污染负荷

单位：t/a

河流名称	非点源污染负荷		河流名称	非点源污染负荷	
	COD	NH_3-N		COD	NH_3-N
小柳河	575.85	23.43	太平河	897.20	42.16
一统河	457.59	11.40	绕阳河	2 111.65	55.72
螃蟹沟	1 324.51	146.58	清水河	1 485.03	42.42
干流	327.03	13.96			

3.2.3 点源污染负荷与非点源污染负荷贡献率

一统河、螃蟹沟点源污染负荷均高于非点源污染负荷，小柳河、太平河、清水河、绕阳河非点源污染负荷均高于点源污染负荷（表 3-5）。

表 3-5 辽河流域盘锦段污染负荷及贡献率

水体	点源污染负荷/（t/a）		非点源污染负荷/（t/a）		点源污染负荷贡献率/%		非点源污染负荷贡献率/%	
	COD	NH_3-N	COD	NH_3-N	COD	NH_3-N	COD	NH_3-N
小柳河	107.47	9.51	575.85	23.43	15.73	28.87	84.27	71.13
一统河	616.26	18.93	457.59	11.40	57.39	62.41	42.61	37.59
螃蟹沟	1 905.77	151.87	1 324.51	146.58	59.00	50.89	41.00	49.11
太平河	92.26	8.02	897.20	42.16	9.32	15.98	90.68	84.02
绕阳河	1 425.09	47.30	2 111.65	55.72	40.29	45.91	59.71	54.09
清水河	483.36	26.98	1 485.03	42.42	24.56	38.88	75.44	61.12
干流	480.00	28.12	327.03	13.96	59.48	66.83	40.52	33.17

3.3　浑河流域污染负荷核定

3.3.1　点源污染负荷

浑河流域点源污染负荷主要包括工业点源、污水处理厂污染负荷，规模化畜禽养殖废弃物基本回收利用。

（1）直排点源空间分布

据 2013 年抚顺市环境统计数据，抚顺段直排点源有 60 家，其中污水处理厂 5 家、直排企业 55 家；沈阳段直排点源有 94 家，其中污水处理厂 26 家、直排企业 68 家（图 3-3）。

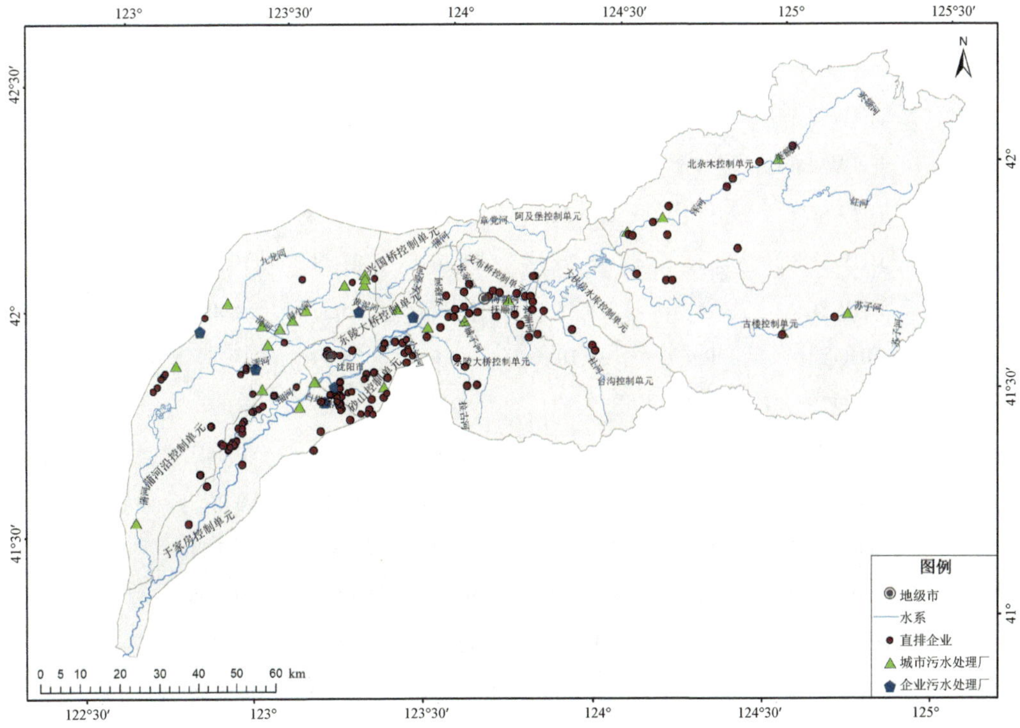

图 3-3　浑河流域直排点源空间分布

（2）直排点源污染负荷

按照辽河流域盘锦段直排点源污染物入河系数测定方法，确定直排点源污染物入河系数。依据 2013 年抚顺市、沈阳市环境统计数据，采用统计方法确定抚顺段、沈阳段直排点源污染负荷（表 3-6）。

抚顺段直排点源 COD、NH_3-N 入河量分别为 4 050.07 t/a、372.94 t/a，其中工业点源 COD、NH_3-N 排放量分别为 167.68 t、5.31 t/a，分别占直排点源总量的 4%、1%；污水处

理厂 COD、NH_3-N 排放量分别为 3 883.12 t/a、367.6 t/a，分别占直排点源总量的 96%、99%。

沈阳段 COD、NH_3-N 点源污染负荷入河总量分别为 25 163.61 t/a 和 5 366.06 t/a，其中工业点源 COD、NH_3-N 入河量分别为 1 794.28 t/a、150.89 t/a，污水处理厂 COD、NH_3-N 入河量分别为 23 369.33 t/a、5 215.17 t/a，污水处理厂 COD、NH_3-N 分别占直排点源总量的 93%、97%。

表 3-6 浑河流域主要直排点源污染负荷

城市	企业名称	入河系数	排放量/（t/a）		入河量/（t/a）		受纳水体
			COD	NH_3-N	COD	NH_3-N	
抚顺	HHWSC1	0.9	3 347.06	352.78	2 786.43	293.69	浑河干流
	HHWSC2	0.9	897.98	45.00	747.57	37.46	
	HHWSC3	0.9	83.80	11.94	69.76	9.94	
	HHQY4	1	20.52	0.66	18.98	0.61	
	HHWSC5	1	16.26	1.45	15.04	1.34	
	HHWSC6	1	12.79	0.97	11.83	0.90	
	HHWSC7	1	146.25	11.35	135.28	10.50	英额河
	HHWSC8	1	88.26	11.76	81.64	10.87	苏子河
	HHWSC9	1	38.45	3.13	35.57	2.90	
	HHQY10	0.9	34.10	0.30	28.39	0.25	东洲河
	HHQY11	0.8	17.64	0	13.05	0	红河
	HHQY12	0.9	12.24	0.05	10.19	0.04	古城子河
	HHQY13	1	11.26	0.10	10.42	0.09	章党河
沈阳	HHWSC14	0.9	11 410.78	1 750.12	10 269.70	1 575.11	细河
	HHWSC15	1	5 475.20	1 505.68	5 475.20	1 505.68	细河
	HHWSC16	0.9	3 970.67	1 026.39	3 573.60	923.75	细河
	HHWSC17	1	2 332.49	1 075.96	2 332.49	1 075.96	浑河干流
	HHWSC18	0.9	18.20	1.82	16.38	1.64	浑河干流
	HHWSC19	0.9	16.80	1.40	15.12	1.26	浑河干流
	HHWSC20	1	416.36	4.10	416.36	4.10	浑河干流
	HHWSC21	1	291.60	19.44	291.60	19.44	南小河
	HHWSC22	1	291.60	19.44	291.60	19.44	南小河
	HHWSC23	0.9	257.19	16.41	231.47	14.77	蒲河
	HHWSC24	0.9	257.19	16.41	231.47	14.77	蒲河
	HHQY25	0.9	92.88	2.58	83.59	2.32	蒲河

城市	企业名称	入河系数	排放量/（t/a）		入河量/（t/a）		受纳水体
			COD	NH_3-N	COD	NH_3-N	
沈阳	HHWSC26	1	46.73	3.73	46.73	3.73	蒲河
	HHWSC27	0.9	43.81	17.34	39.43	15.61	蒲河
	HHWSC28	0.9	43.81	17.34	39.43	15.61	蒲河
	HHWSC29	0.9	215.28	24.06	193.75	21.65	蒲河
	HHWSC30	0.9	215.28	24.06	193.75	21.65	蒲河
	HHWSC31	1	205.92	2.06	205.92	2.06	蒲河
	HHWSC32	1	205.92	2.06	205.92	2.06	蒲河
	HHWSC33	1	47.38	3.62	47.38	3.62	蒲河
	HHWSC34	1	1.05	0.33	1.05	0.33	蒲河
	HHWSC35	0.9	32.64	3.27	29.38	2.94	蒲河
	HHWSC36	1	23.88	1.57	23.88	1.57	蒲河
	HHWSC37	0.9	22.19	3.59	19.97	3.23	蒲河
	HHWSC38	0.9	22.19	3.59	19.97	3.23	蒲河
	HHWSC39	0.9	16.64	1.10	14.98	0.99	蒲河
	HHWSC40	1	173.76	14.84	173.76	14.84	蒲河
	HHQY41	1	139.93	0	139.93	0	蒲河
	HHQY42	1	139.93	0	139.93	0	蒲河
	HHQY43	1	128.16	30.50	128.16	30.50	蒲河
	HHQY44	0.9	229.08	21.64	206.17	19.48	南运河
	HHWSC45	1	160.77	24.47	160.77	24.47	白塔堡河
	HHQY46	0.9	56.80	4.54	51.12	4.09	白塔堡河
	HHQY47	0.9	46.79	3.63	42.11	3.27	白塔堡河
	HHWSC48	0.9	56.96	17.92	51.26	16.13	细河

3.3.2 非点源污染负荷

采用水文分割法，核定非点源污染负荷。抚顺段 COD、NH_3-N 非点源污染负荷分别为 24 709.38 t/a、940.32 t/a；沈阳段 COD、NH_3-N 非点源污染负荷分别为 7 326.12 t/a、1 135.29 t/a（表 3-7）。

表 3-7 浑河流域非点源污染负荷 单位：t/a

城市	河流名称	非点源污染负荷		城市	河流名称	非点源污染负荷	
		COD	NH_3-N			COD	NH_3-N
抚顺	英额河	1 069.06	36.17	抚顺	李石河	218.88	56.20
	红河	612.75	20.49		浑河抚顺段	5 177.22	213.45
	苏子河	730.50	8.02	沈阳	杨官河	192.85	32.56
	社河	147.53	2.26		张官河	295.95	40.00
	章党河	636.05	10.64		南运河	160.51	4.19
	东洲河	491.99	5.32		浑河干流	641.26	213.48
	欧家河	211.11	20.26		白塔堡	195.17	25.23
	古城子河	745.46	43.79		细河	4 424.00	647.65
	方晓河	106.67	7.62		蒲河	1 416.38	172.18
	友爱河	107.22	2.68		辽河干流	641.26	213.48

3.3.3 点源污染负荷与非点源污染负荷贡献率

浑河流域抚顺段污染负荷以非点源污染负荷为主，沈阳段细河、蒲河、白塔堡河、南运河以点源污染负荷为主，杨官河、张官河以面源污染负荷为主（表 3-8）。

表 3-8 浑河流域抚顺段污染负荷及贡献率

水体	点源污染负荷/（t/a）		非点源污染负荷/（t/a）		点源污染负荷贡献率/%		非点源污染负荷贡献率/%	
	COD	NH_3-N	COD	NH_3-N	COD	NH_3-N	COD	NH_3-N
英额河	135.28	10.50	1 069.06	36.17	11.23	22.49	88.77	77.51
红河	17.99	0.49	612.75	20.49	2.85	2.35	97.15	97.65
水库上游干流	31.17	1.53	12 009.59	208.34	0.26	0.73	99.74	99.27
苏子河	124.06	13.77	730.50	8.02	14.52	63.19	85.48	36.81
社河	1.26	0.08	147.53	2.26	0.85	3.38	99.15	96.62
章党河	10.71	0.11	636.05	10.64	1.66	1.02	98.34	98.98
东洲河	38.38	0.95	491.99	5.32	7.24	15.15	92.76	84.85
欧家河	7.61	0.86	211.11	20.26	3.48	4.07	96.52	95.93
古城子河	22.22	0.21	745.46	43.79	2.89	0.47	97.11	99.53

水体	点源污染负荷/（t/a）		非点源污染负荷/（t/a）		点源污染负荷贡献率/%		非点源污染负荷贡献率/%	
	COD	NH_3-N	COD	NH_3-N	COD	NH_3-N	COD	NH_3-N
方晓河	0.025	0.001 3	106.67	7.62	0.02	0.02	99.98	99.98
友爱河	0	0	107.22	2.68	0	0	100	100
李石河	8.56	0.43	318.88	56.2	2.61	0.76	97.39	99.24
水库下游干流	3 652.8	344.01	7 522.57	518.53	32.69	39.88	67.31	60.12
杨官河	0.61	0.07	192.85	32.56	0.32	0.21	99.68	99.79
张官河	0.014	0.001	295.95	40	0.00	0.00	100.00	100.00
南运河	206.17	19.48	160.51	4.19	56.23	82.30	43.77	17.70
白塔堡河	305.26	47.96	195.17	25.23	61.00	65.53	39.00	34.47
细河	19 369.76	4 020.67	4 424	647.65	81.41	86.13	18.59	13.87
蒲河	2 501.45	194.92	1 416.38	172.18	63.85	53.10	36.15	46.90
浑河干流	2 780.35	1 082.96	641.26	213.48	81.26	83.53	18.74	16.47

3.4　太子河流域污染负荷核定

3.4.1　点源污染负荷

太子河流域污染负荷主要包括工业点源、污水处理厂污染负荷，规模化畜禽养殖废弃物已基本回收利用。

（1）直排点源空间分布

依据 2013 年本溪市、鞍山市、辽阳市环境统计数据，太子河流域直排点源有 408 家，其中污水处理厂 18 家、明显直排企业 245 家（图 3-4），其他 145 家。

（2）直排点源污染负荷

按照辽河流域盘锦段直排点源污染物入河系数测定方法，确定直排点源污染物入河系数，依据 2013 年本溪市、鞍山市、辽阳市环境统计数据，采用统计方法，确定太子河流域直排点源污染负荷（表 3-9～表 3-11）。

本溪段直排点源 152 家，其中污水处理厂 5 家，直排企业 147 家。主要直排点源 COD、NH_3-N 入河量分别为 7 194.8 t/a、340.61 t/a。其中，污水厂 COD、NH_3-N 入河量分别为 3 155.15 t/a、194.35 t/a，所占比例分别为 44%、57%；制药行业 COD、NH_3-N 入河量分别为 2 701.44 t/a、66.83 t/a，所占比例分别为 38%、20%；煤炭与钢铁行业 COD、NH_3-N 入河量分别为 573.02 t/a、39.04 t/a，所占比例分别为 8%、11%，污染主要集中于小汤河、细河、太子河流域辽阳段干流、北沙河。

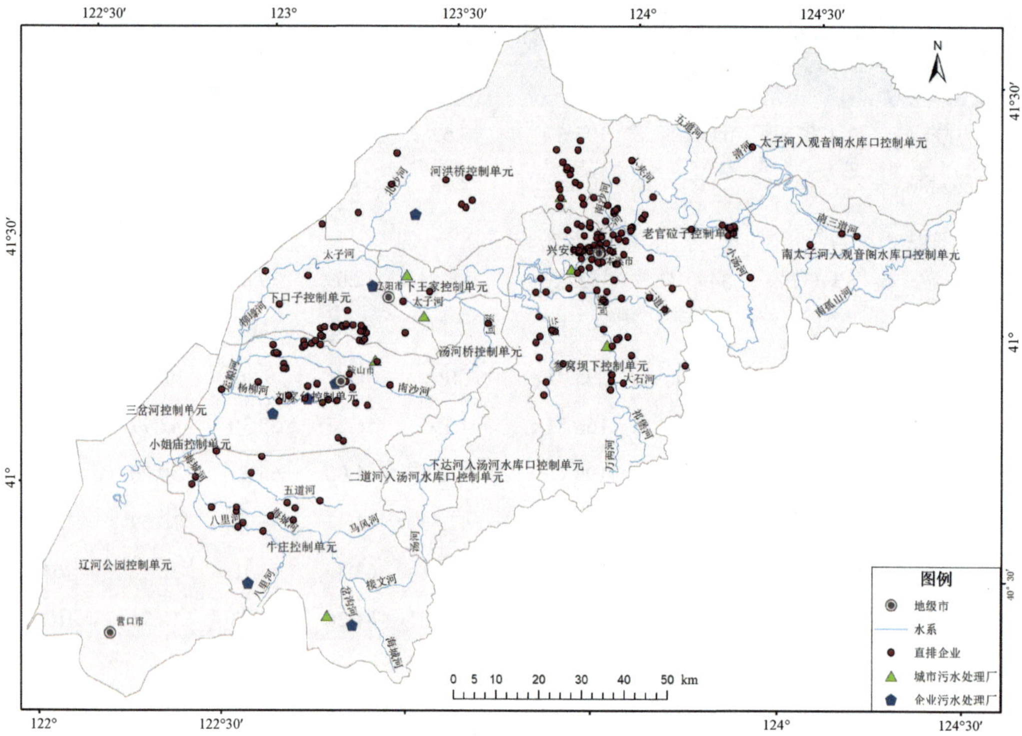

图 3-4 太子河流域直排点源空间分布

表 3-9 太子河流域本溪段主要直排点源污染物入河量

企业名称	入河系数	排放量/（t/a）		入河量/（t/a）		受纳水体
		COD	NH_3-N	COD	NH_3-N	
TZHBXWSC1	0.9	327.12	19.47	301.23	17.93	小汤河
TZHBXWSC2	0.9	141.05	19.65	129.89	18.1	细河
TZHBXWSC3	0.9	44.93	4.09	41.37	3.77	
TZHBXQY4	0.9	438.26	36.76	403.56	33.85	
TZHBXQY5	0.8	2 508	69	2 078.51	57.18	太子河
TZHBXQY6	0.9	49.35	0	45.44	0	
TZHBXQY7	0.9	24.31	1.57	22.39	1.45	
TZHBXQY8	0.9	35.31	0	32.51	0	
TZHBXQY9	0.8	60.73	6.02	50.33	4.99	
TZHBXQY10	0.8	64.37	0.61	53.35	0.51	
TZHBXWSC11	0.9	2 851.2	158.4	2 625.48	145.86	

企业名称	入河系数	排放量/（t/a）		入河量/（t/a）		受纳水体
		COD	NH_3-N	COD	NH_3-N	
TZHBXQY12	0.8	24	0.3	19.89	0.25	北沙河
TZHBXQY13	0.8	26	0	21.55	0	
TZHBXQY14	0.8	65.55	3.15	54.32	2.61	
TZHBXQY15	0.8	73.5	0	60.91	0	
TZHBXQY16	0.9	27.36	0	25.19	0	
TZHBXQY17	0.9	27.85	0	25.65	0	
TZHBXQY18	0.9	47.65	1.7	43.88	1.57	
TZHBXQY19	0.8	54.4	0	45.08	0	
TZHBXQY20	0.9	62	0	57.09	0	
TZHBXQY21	0.8	62.69	0.3	51.95	0.25	
TZHBXQY22	0.8	66.03	0	54.72	0	
TZHBXQY23	0.8	66.8	0	55.36	0	
TZHBXQY24	0.8	31.61	1.32	26.2	1.09	
TZHBXQY25	0.9	56.26	0	51.81	0	
TZHBXQY26	0.8	58.1	0	48.15	0	
TZHBXQY27	0.9	59.15	1.22	54.47	1.12	
TZHBXQY28	0.8	63.57	3.03	52.68	2.51	
TZHBXQY29	0.8	67.26	0	55.74	0	
TZHBXWSC30	0.8	69	10.49	57.18	8.69	
TZHBXQY31	0.8	25.14	1.78	20.83	1.47	
TZHBXQY32	0.8	58.1	0	48.15	0	

太子河流域鞍山段直排工业污染源共 189 家，其中污水处理厂 8 家、直排企业 181 家。污染物入河总量为 3 728.05 t/a，其中 COD 入河量为 3 386.82 t/a，占污染物总量的 90.85%；NH_3-N 入河量为 341.23 t/a，占污染物总量的 9.15%。直排点源污染物入河量最多的是运粮河，入河量为 1 069.36 t/a，占污染物总量的 28.68%，其次为五道河、杨柳河。

太子河流域辽阳段主要直排点源有 67 家，其中污水处理厂 5 家、直排企业 62 家，COD、NH_3-N 直排点源污染物入河总量分别为 4 344.21 t/a、387.61 t/a，其中工业点源污染物入河量分别为 4 206.41 t/a、370.22 t/a，污水处理厂污染物入河量分别为 137.8 t/a、17.39 t/a；太子河干流点源污染物 COD、NH_3-N 入河总量较大，分别占太子河流域辽阳段点源污染负荷 COD、NH_3-N 入河总量的 80.55%、84.11%。

表 3-10　太子河流域鞍山段主要直排点源污染物入河量

企业名称	入河系数	排放量/（t/a）		入河量/（t/a）		受纳水体
		COD	NH_3-N	COD	NH_3-N	
TZHASQY1	0.9	623.9	64.89	561.51	58.4	运粮河
TZHASWSC2	0.9	449.75	35.78	404.78	32.2	
TZHASQY3	0.9	462.66	43.53	416.39	39.18	杨柳河
TZHASQY4	0.8	139	17.8	112.59	14.42	
TZHASQY5	0.8	766.26	94.8	620.67	76.79	五道河
TZHASWSC6	0.8	129.03	7.61	104.51	6.17	
TZHASQY7	0.9	87.79	0.77	79.01	0.69	
TZHASQY8	0.8	93.6	5.1	75.82	4.13	
TZHASQY9	0.9	377.06	35.03	339.35	31.52	太子河
TZHASWSC10	0.9	180.24	43.8	162.21	39.42	南沙河
TZHASQY11	0.8	92.14	7.9	74.63	6.4	
TZHASQY12	0.9	81.51	5.41	73.36	4.87	海城河
TZHASQY13	0.9	62.48	0.64	56.23	0.58	
TZHASQY14	0.8	65.57	5.04	53.11	4.09	

表 3-11　太子河流域辽阳段主要直排点源污染物入河量

企业名称	入河系数	排放量/（t/a）		入河量/（t/a）		受纳水体
		COD	NH_3-N	COD	NH_3-N	
TZHLYQY1	0.8	285	23.31	244.66	19.4	汤河
TZHLYQY2	0.8	258	298.91	1 648.99	248.84	太子河干流
TZHLYQY3	0.8	255	19.887	1 100.77	16.56	
TZHLYQY4	0.8	273	51.7	220.45	43.04	
TZHLYQY5	0.8	253	—	210.62	—	
TZHLYWSC6	0.8	254	17.73	113.77	14.76	
TZHLYQY7	0.7	270	—	37	—	
TZHLYQY8	0.8	272	0.23	26.96	0.19	
TZHLYWSC9	0.8	257	3.15	24.03	2.62	
TZHLYQY10	0.9	63.53	5.53	58.77	5.12	南沙河
TZHLYQY11	0.8	30	—	24.98	—	
TZHLYQY12	0.8	275	44	228.94	36.63	北沙河

3.4.2　非点源污染负荷

采用水文分割法，核定非点源污染负荷。太子河流域主要支流非点源 COD、NH_3-N 污染负荷量见表 3-12，非点源主要集中于本溪段的北沙河、细河，鞍山段主要支流，辽阳段的汤河、北沙河、柳壕河。

表 3-12　太子河流域非点源污染负荷　单位：t/a

河段	河流名称	COD 污染负荷/（t/a）	NH_3-N 污染负荷/（）
本溪段	南孤山河	18.41	0.69
	南三道河	22.87	0.86
	衫松河	16.61	0.63
	小汤河	210.05	8.32
	五道河	46.43	1.84
	小夹河	89.25	3.54
	卧龙河	528.88	39.41
	南沙河	435.55	32.45
	清河	176.25	6.98
	太子河南支	457.18	18.11
	北沙河	1 085.45	48.02
	大石河	309.39	6.11
	三道河	464.08	9.16
	细河干流	1 487.93	105.42
鞍山段	南沙河	1 115.88	206.77
	运粮河	1 549.32	287.08
	杨柳河	2 738.18	347.12
	五道河	1 188.15	67.00
	海城河	4 848.84	273.44
	干流	204.56	20.44
辽阳段	兰河	864.07	239.84
	汤河	3 037.71	843.17
	新开河	211.36	58.67
	北沙河	1 777.87	493.48
	柳壕河	1 054.29	292.64
	南沙河	362.78	100.70
	运粮河	166.35	46.17

3.4.3 点源污染负荷与非点源污染负荷贡献率

太子河流域本溪段、鞍山段、辽阳段主要支流点源污染负荷与非点源污染负荷及贡献率见表 3-13。

表 3-13 太子河流域主要支流污染负荷及贡献率

河段	受纳水体	点源污染负荷/（t/a）		非点源污染负荷/（t/a）		点源污染负荷贡献率/%		非点源污染负荷贡献率/%	
		COD	NH_3-N	COD	NH_3-N	COD	NH_3-N	COD	NH_3-N
本溪段	南孤山河	0	0	18.41	0.69	0	0	100	100
	南三道河	0.55	0	22.87	0.86	2	0	98	100
	衫松河	0.18	0	16.61	0.63	1	0	99	100
	小汤河	316.74	17.93	210.05	8.32	60	68	40	32
	五道河	0	0	46.43	1.84	0	0	100	100
	小夹河	0.55	0	89.25	3.54	1	0	99	100
	卧龙河	0.03	0	528.88	39.41	0	0	100	100
	南沙河	73.8	3.42	435.55	32.45	14	10	86	90
	清河	0.01	0	176.25	6.98	0	0	100	100
	田师傅河	0.55	0	457.18	18.11	0	0	100	100
	大石河	25.64	0.43	309.39	6.11	8	7	92	93
	三道河	75.73	0.78	464.08	9.16	14	8	86	92
	细河干流	624.29	57.65	1 487.93	105.42	30	35	70	65
	北沙河	1 014.61	26.78	1 085.45	48.02	48	36	52	64
鞍山段	南沙河	255.93	47.8	1 115.88	206.77	19	19	81	81
	运粮河	977.7	91.64	1 549.32	287.08	39	24	61	76
	杨柳河	631.64	61.54	2 738.18	347.12	19	15	81	85
	五道河	893.71	88.65	1 188.15	67	43	57	57	43
	海城河	288.51	20.06	4 848.84	273.44	6	7	94	93
辽阳段	兰河	6.86	0.06	864.07	239.84	1	0	99	100
	汤河	244.66	19.4	3 037.71	843.17	7	2	93	98
	新开河	0	0	211.36	58.67	0	0	100	100
	北沙河	252.27	36.87	1 777.87	493.48	12	7	88	93
	柳壕河	0.26	0.12	1 054.29	292.64	0	0	100	100
	南沙河	311.57	5.12	362.78	100.7	46	5	54	95
	运粮河	0.14	0.02	166.35	46.17	0	0	100	100

3.5　示范流域污染负荷核定

3.5.1　清河流域污染负荷核定

（1）直排点源污染负荷核定

清河流域直排点源包括直排企业、污水处理厂，畜禽养殖废弃物基本回收利用。

① 直排点源空间分布

根据 2013 年环境统计数据，清河流域共有 21 家直排点源，其中污水处理厂有 4 家（图 3-5）。

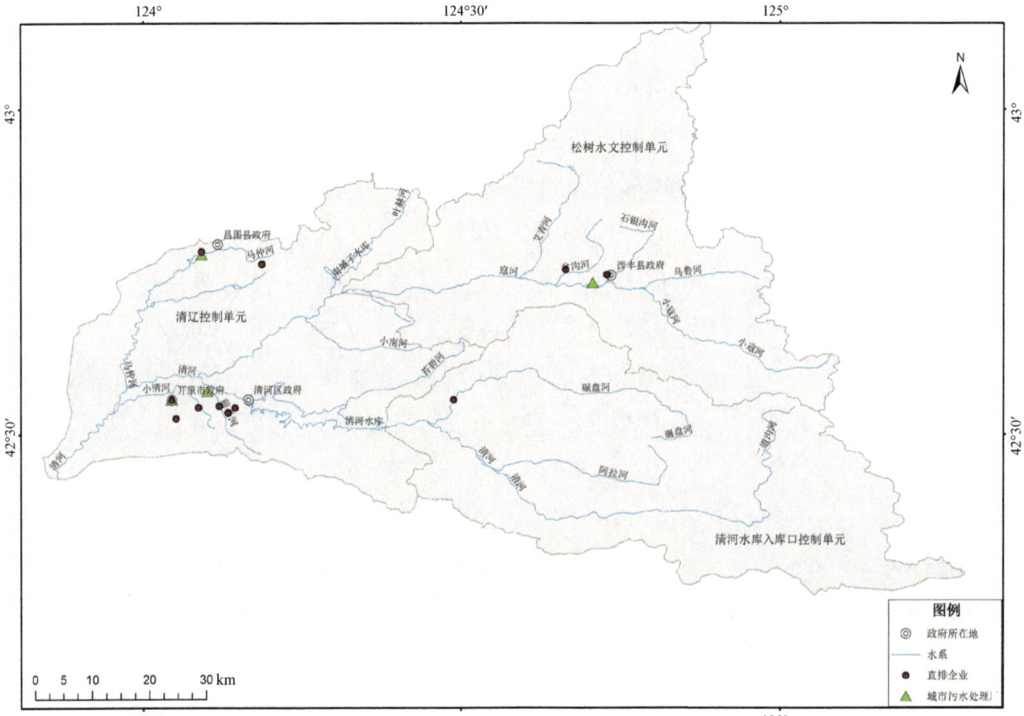

图 3-5　清河流域直排点源空间分布

② 直排点源污染负荷核定

采用统计法，核定点源污染负荷。清河流域直排点源 COD、NH_3-N 入河量分别为 995.85 t/a、74.67 t/a（表 3-14）。

表 3-14 清河流域主要直排点源污染负荷入河量

企业名称	入河系数	排放量/（t/a）		入河量/（t/a）		受纳水体
		COD	NH_3-N	COD	NH_3-N	
QHQY1	0.9	6.50	2	6.12	1.88	清河干流
QHQY2	0.8	21.02	0	17.81	0	前马河
QHQY3	1	0.40	0.06	0.38	0.06	
QHQY4	0.9	2.04	0	1.92	0	
QHWSC5	0.9	168.19	9.34	158.38	8.8	
QHQY6	1	0.07	0	0.07	0	碾盘河
QHQY7	0.9	40.85	6	38.47	5.65	马仲河
QHQY8	0.9	17.82	2.18	16.78	2.05	
QHWSC9	0.9	191.63	19.16	180.45	18.05	
QHQY10	0.9	21.40	2	20.15	1.88	寇河
QHQY11	0.9	16.80	0.19	15.82	0.18	
QHQY12	0.9	1.20	0.01	1.13	0.01	
QHQY13	0.9	0.73	0	0.68	0	
QHQY14	0.9	0.27	0.06	0.23	0.05	
QHQY15	0.9	0.11	0.03	0.10	0.03	
QHQY16	1	0.03	0	0.03	0	
QHQY17	0.7	0.03	0	0.02	0	
QHQY18	0	0.01	0	0	0	
QHWSC19	0.9	169.91	20.68	160	19.47	
QHQY20	0.9	4.90	0.12	4.61	0.11	小清河
QHWSC21	0.8	439.76	19.40	372.70	16.45	

（2）非点源污染负荷核定

采用输出系数法计算清河流域非点源污染负荷。

① 非点源计算单元

根据清河流域干支流汇水区、所在乡镇划分非点源划分计算单元（表 3-15）。

② 非点源输出系数

利用 2013 年水质、直排点源数据，采用通量法对“十一五”水专项辽河流域铁岭段非点源输出系数成果进行修订（表 3-16）。

表 3-15 清河流域干流及支流计算单元

河流名称	昌图县计算单元	清河区计算单元	开原市计算单元	西丰县计算单元
小清河	—	—	开原镇	—
前马河	—	张相镇（一部分）、红旗镇、向阳街	—	—
马仲河	昌图镇、马仲河镇	—	金沟子镇	—
碾盘河	—	—	—	凉泉镇、房木镇、和隆乡
寇河	—	—	莲花镇、城东乡、威远堡镇	除碾盘河所含乡镇之外的乡镇，另外，天德乡应该归于东辽河
清河干流	—	聂家满族乡、杨木林子乡、张相镇（部分）	业民镇、新城街、老城街、兴开街、三家子镇八棵树镇、林丰镇、李家台乡	—

表 3-16 辽河流域铁岭段非点源输出系数

污染源类型		输出系数		污染负荷/（t/a）	
		COD	NH_3-N	COD	NH_3-N
农业用地/km^2	水田	1.50	0.180 0	2.40	0.160 0
	旱地	1.80	0.188 0	0.24	0.010 0
	果林	0.90	0.183 0	0.80	0.007 0
	其他用地	0.04	0.025 0	0.70	0.052 0
农村人口/万人	农村人口	1.56	0.162 0	0.60	0.281 0
城镇用地/km^2		0.60	0.116 0	0.01	0.002 7

③ 非点源污染负荷核定

采用输出系数法，核定非点源污染负荷。依据式（3-3），清河流域非点源 COD 输出量为 5 228.44 t/a，NH_3-N 输出量为 486.26 t/a（表 3-17）。

表 3-17 清河流域非点源污染负荷

受纳水体	非点源类型		数量	输出系数		污染负荷（t/a）	
				COD	NH_3-N	COD	NH_3-N
清河水库上游	农业用地/km^2	水田	30.93	1.50	0.180	46.40	5.57
		旱地	111.86	1.80	0.188	201.35	21.03
		果林	13.90	0.90	0.183	12.51	2.54
		其他用地	1.92	0.04	0.025	0.08	0.05

受纳水体	非点源类型		数量	输出系数		污染负荷（t/a）	
				COD	NH_3-N	COD	NH_3-N
清河水库上游	农村人口/万人	农村人口	7.56	1.56	0.162	11.79	1.22
	畜禽养殖/万只	大牲畜	7.58	2.40	0.160	18.19	1.21
		家禽	68.00	0.24	0.010	16.32	0.68
	城镇用地/km^2		0.00	0.60	0.116	0.00	0.00
	自然地/km^2	草地	1.24	0.80	0.007	1.00	0.01
		林地	241.38	0.70	0.052	168.97	12.55
		未利用土地	9.62	0.60	0.281	5.77	2.70
	降水量/mm	降水量	546.50	0.01	0.003	5.47	1.48
	合计					487.85	49.04
清河水库库区	农业用地/km^2	水田	0.39	1.50	0.180	0.59	0.07
		旱地	23.00	1.80	0.188	41.40	4.32
		果林	0.00	0.90	0.183	0.00	0.00
		其他用地	1.34	0.04	0.025	0.05	0.03
	农村人口/万人	农村人口	1.10	1.56	0.162	1.72	0.18
	畜禽养殖/万只	大牲畜	1.82	2.40	0.160	4.37	0.29
		家禽	39.00	0.24	0.010	9.36	0.39
	城镇用地/km^2		0.00	0.60	0.116	0.00	0.00
	自然地/km^2	草地	3.06	0.80	0.007	2.45	0.02
		林地	258.67	0.70	0.052	181.07	13.45
		未利用土地	0.90	0.60	0.281	0.54	0.25
	降水量/mm	降水量	595.70	0.01	0.003	5.96	1.61
	合计					247.51	20.61
清河水库下游	农业用地/km^2	水田	57.69	1.50	0.180	86.54	10.38
		旱地	150.54	1.80	0.188	270.97	28.30
		果林	9.48	0.90	0.183	8.53	1.73
		其他用地	13.15	0.04	0.025	0.53	0.33
	农村人口/万人	农村人口	12.62	1.56	0.162	19.68	2.04
	畜禽养殖/万只	大牲畜	12.78	2.40	0.160	30.67	2.04
		家禽	216.00	0.24	0.010	51.84	2.16
	城镇用地/km^2		0.00	0.60	0.116	0.00	0.00
	自然地/km^2	草地	5.38	0.80	0.007	4.31	0.04
		林地	329.17	0.70	0.052	230.42	17.12
		未利用土地	10.63	0.60	0.281	6.38	2.99
	降水量/mm	降水量	487.35	0.01	0.003	4.87	1.32
	合计					714.74	68.45

受纳水体	非点源类型		数量	输出系数		污染负荷（t/a）	
				COD	NH_3-N	COD	NH_3-N
小清河	农业用地/km^2	水田	2.96	1.50	0.180	4.44	0.53
		旱地	1.79	1.80	0.188	3.22	0.34
		果林	0.02	0.90	0.183	0.02	0.00
		其他用地	0.00	0.04	0.025	0.00	0.00
	农村人口/万人	农村人口	0.92	1.56	0.162	1.44	0.15
	畜禽养殖/万只	大牲畜	0.39	2.40	0.160	0.92	0.06
		家禽	21.00	0.24	0.010	5.04	0.21
	城镇用地/km^2		0.00	0.60	0.116	0.00	0.00
	自然地/km^2	草地	0.57	0.80	0.007	0.46	0.00
		林地	3.24	0.70	0.052	2.27	0.17
		未利用土地	1.00	0.60	0.281	0.60	0.28
	降水量/mm	降水量	595.70	0.01	0.003	5.96	1.61
	合计					24.37	3.35
前马河	农业用地/km^2	水田	1.73	1.50	0.180	2.60	0.31
		旱地	14.96	1.80	0.188	26.92	2.81
		果林	1.52	0.90	0.183	1.37	0.28
		其他用地	7.82	0.04	0.025	0.31	0.20
	农村人口/万人	农村人口	2.31	1.56	0.162	3.61	0.37
	畜禽养殖/万只	大牲畜	3.30	2.40	0.160	7.91	0.53
		家禽	67.67	0.24	0.010	16.24	0.68
	城镇用地/km^2		0.00	0.60	0.116	0.00	0.00
	自然地/km^2	草地	0.28	0.80	0.007	0.22	0.00
		林地	12.66	0.70	0.052	8.86	0.66
		未利用土地	1.84	0.60	0.281	1.10	0.52
	降水量/mm	降水量	595.70	0.01	0.003	5.96	1.61
	合计					75.01	7.97
马仲河	农业用地/km^2	水田	25.63	1.50	0.180	38.45	4.61
		旱地	191.59	1.80	0.188	344.86	36.02
		果林	2.97	0.90	0.183	2.67	0.54
		其他用地	35.41	0.04	0.025	1.42	0.89
	农村人口/万人	农村人口	9.20	1.56	0.162	14.36	1.49
	畜禽养殖/万只	大牲畜	7.52	2.40	0.160	18.05	1.20
		家禽	83.00	0.24	0.010	19.92	0.83
	城镇用地/km^2		8.46	0.60	0.116	5.08	0.98

受纳水体	非点源类型		数量	输出系数		污染负荷（t/a）	
				COD	NH_3-N	COD	NH_3-N
马仲河	自然地/km^2	草地	33.62	0.80	0.007	26.89	0.24
		林地	1087.04	0.70	0.052	760.93	56.53
		未利用土地	21.14	0.60	0.281	12.68	5.94
	降水量/mm	降水量	542.90	0.01	0.003	5.43	1.47
	合计					1 250.74	110.74
碾盘河	农业用地/km^2	水田	12.79	1.50	0.180	19.19	2.30
		旱地	75.90	1.80	0.188	136.62	14.27
		果林	0.86	0.90	0.183	0.77	0.16
		其他用地	7.87	0.04	0.025	0.31	0.20
	农村人口/万人	农村人口	5.48	1.56	0.162	8.55	0.89
	畜禽养殖/万只	大牲畜	4.89	2.40	0.160	11.74	0.78
		家禽	47.70	0.24	0.010	11.45	0.48
	城镇用地/km^2		0.00	0.60	0.116	0.00	0.00
	自然地/km^2	草地	7.11	0.80	0.007	5.69	0.05
		林地	350.67	0.70	0.052	245.47	18.23
		未利用土地	5.46	0.60	0.281	3.27	1.53
	降水量/mm	降水量	447.90	0.01	0.003	4.48	1.21
	合计					447.54	40.10
寇河	农业用地/km^2	水田	104.16	1.50	0.180	156.24	18.75
		旱地	403.81	1.80	0.188	726.86	75.92
		果林	39.99	0.90	0.183	35.99	7.32
		其他用地	36.16	0.04	0.025	1.45	0.90
	农村人口/万人	农村人口	26.34	1.56	0.162	41.09	4.27
	畜禽养殖/万只	大牲畜	21.99	2.40	0.160	52.79	3.52
		家禽	401.00	0.24	0.010	96.24	4.01
	城镇用地/km^2		18.93	0.60	0.116	11.36	2.20
	自然地/km^2	草地	33.94	0.80	0.007	27.15	0.24
		林地	1 157.89	0.70	0.052	810.52	60.21
		未利用土地	25.21	0.60	0.281	15.12	7.08
	降水量/mm	降水量	585.00	0.01	0.003	5.85	1.58
	合计					1 980.66	186

（3）点源污染负荷与非点源污染负荷贡献率

寇河、马仲河、碾盘河支流以非点源污染负荷为主，前马河、小清河以点源污染负荷为主（表 3-18）。

表 3-18 清河流域主要支流污染负荷及贡献率

河流名称	点源污染负荷/（t/a）		非点源污染负荷/（t/a）		点源污染负荷贡献率/%		非点源污染负荷贡献率/%	
	COD	NH_3-N	COD	NH_3-N	COD	NH_3-N	COD	NH_3-N
寇河	198.16	21.62	1 980.66	185.99	9.09	10.41	90.91	89.59
马仲河	235.76	25.75	1 250.73	110.73	15.86	18.87	84.14	81.13
碾盘河	0.07	—	447.54	40.10	0.02	—	99.98	—
前马河	178.49	8.86	75.09	7.96	70.39	52.68	29.61	47.32
小清河	377.31	16.56	24.36	3.36	93.94	83.13	6.06	16.87

3.5.2 凡河流域污染负荷核定

（1）点源污染负荷

凡河流域点源污染负荷主要包括工业点源、污水处理厂污染负荷。

① 直排点源空间分布

根据 2013 年环境统计数据核定点源污染负荷。凡河流域只有 2 家直排企业污水排入凡河（图 3-6）。

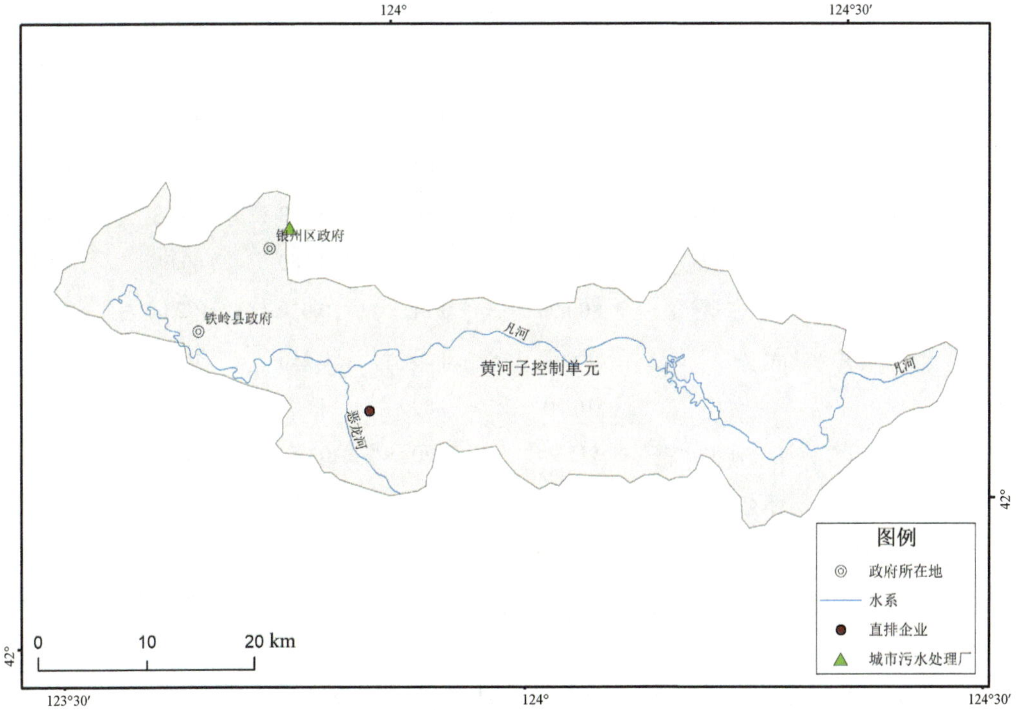

图 3-6 凡河流域直排点源空间分布

② 直排点源污染负荷

凡河流域直排点源 COD、NH_3-N 入河量分别为 197.18 t/a、19.46 t/a（表 3-19）。

表 3-19 凡河流域直排点源污染负荷

企业名称	入河系数	排放量/（t/a）		入河量/（t/a）	
		COD	NH_3-N	COD	NH_3-N
FHQY1	0.9	20.48	1.02	16.38	0.82
FHWSC2	0.8	225.99	23.30	180.79	18.64
合计		246.47	24.32	197.18	19.46

（2）非点源污染负荷

采用输出系数法，根据修正后的辽河流域铁岭段污染负荷输出系数，核定凡河流域非点源污染负荷（表 3-20）。COD、NH_3-N 输出量分别为 1 407.58 t/a、130.09 t/a，非点源以水田、旱地、畜禽、林地为主。

表 3-20 凡河流域非点源污染负荷

污染源类型		数量	输出系数		污染负荷/（t/a）	
			COD	NH_3-N	COD	NH_3-N
农业用地/km^2	水田	229.84	1.50	0.180	344.76	41.37
	旱地	199.58	1.80	0.188	359.24	37.52
	果林	0.60	0.90	0.183	0.54	0.11
	其他用地	33.95	0.04	0.025	1.36	0.85
农村人口/万人	农村人口	15.24	1.56	0.162	23.78	2.47
畜禽养殖/万只	大牲畜	25.28	2.40	0.160	60.67	4.04
	家禽	800.00	0.24	0.010	192.00	8.00
城镇用地/km^2		16.67	0.60	0.116	10.00	1.93
自然地/km^2	草地	16.30	0.80	0.007	13.04	0.11
	林地	547.00	0.70	0.052	382.90	28.44
	未利用土地	0.40	0.60	0.281	0.24	0.11
降水输出/mm	总降水深	1 905.20	0.01	0.003	19.05	5.14
合计					1 407.58	130.09

（3）点源污染负荷与非点源污染负荷贡献率

凡河流域主要以非点源污染负荷为主（表 3-21）。

表 3-21　凡河流域污染贡荷及贡献率

河流名称	点源污染负荷入河量/（t/a）		非点源污染负荷入河量/（t/a）		点源污染负荷贡献率/%		非点源污染负荷贡献率/%	
	COD	NH_3-N	COD	NH_3-N	COD	NH_3-N	COD	NH_3-N
凡河流域	197.18	19.46	1 407.58	130.09	12.29	13.01	87.71	86.99

3.5.3　蒲河流域污染负荷核定

（1）点源污染负荷

蒲河流域大部分点源已经进入污水处理厂，直排点源以污水处理厂为主，主要统计污水处理厂污染负荷。

① 直排点源空间分布

依据 2013 年铁岭市环境统计数据，蒲河流域共有 27 家直排点源，其中有 15 家污水处理厂（图 3-7）。

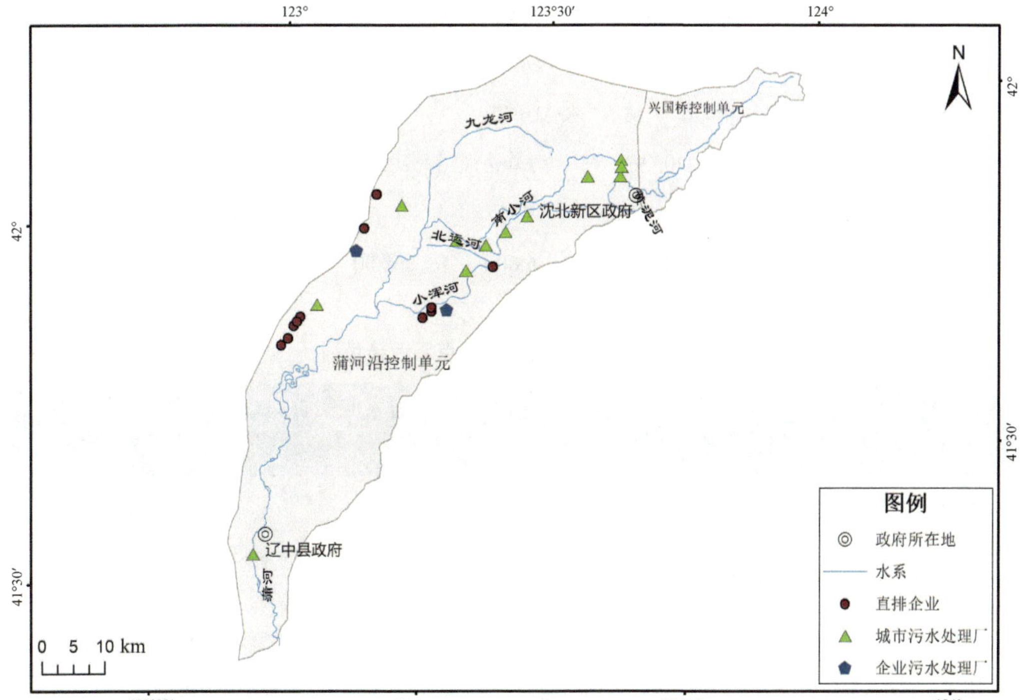

图 3-7　蒲河流域直排点源空间分布

② 直排点源污染负荷

蒲河流域直排点源 COD、NH_3-N 入河量分别为 1 579.24 t/a、152.86 t/a。直排点源主要排入蒲河干流（表 3-22、表 3-23）。

表 3-22　蒲河流域主要直排点源污染负荷入河量

企业名称	入河系数	排放量/（t/a）		入河量/（t/a）		受纳水体
		COD	NH_3-N	COD	NH_3-N	
PHWSC1	0.9	22.19	3.58	19.97	3.23	黄泥河
PHWSC2	0.9	32.64	3.27	29.38	2.94	南小河
PHWSC3	1	47.38	3.62	47.38	3.62	
PHWSC4	1	291.6	19.44	291.6	19.44	
PHQY5	1	128.16	30.5	128.16	30.5	九龙河
PHWSC6	0.9	16.64	1.1	14.98	0.99	
PHWSC7	1	23.88	1.57	23.88	1.57	小浑河
PHQY8	1	173.76	14.84	173.76	14.84	
PHWSC9	1	46.73	3.73	46.73	3.73	蒲河干流
PHWSC10	0.9	43.82	17.35	39.43	15.61	
PHWSC11	1	1.05	0.33	1.05	0.33	
PHWSC12	0.9	215.28	24.06	193.75	21.65	
PHWSC13	0.9	257.18	16.42	231.47	14.77	
PHWSC14	1	205.92	2.06	205.92	2.06	
PHQY15	1	44.72	8.98	44.72	8.98	
PHQY16	1	68.00	6.80	68.00	6.80	

表 3-23　蒲河流域直排点源污染负荷　单位：t/a

水域	点源污染负荷	
	COD	NH_3-N
黄泥河	19.97	3.23
九龙河	143.14	31.49
南小河	368.36	26.00
小浑河	207.86	17.07
蒲河干流	839.91	75.07
总计	1 579.24	152.86

（2）非点源污染负荷

依据 2013 年蒲河流域例行水质监测数据、统计数据、补充监测数据，采用水文分割法核定蒲河流域非点源污染负荷。

蒲河流域非点源 COD 污染负荷为 2 376.07 t/a，NH_3-N 污染负荷为 458.76 t/a（表 3-24），主要以北运河、小浑河、九龙河等为主。

表 3-24 蒲河流域非点源污染负荷 单位：t/a

计算单元	非点源污染负荷	
	COD	NH_3-N
黄泥河汇水区	368.56	58.13
北运河汇水区	500.00	19.60
九龙河汇水区	423.04	46.03
南小河汇水区	255.05	255.05
小浑河汇水区	435.45	60.50
蒲河干流汇水区	393.97	19.45
总计	2 376.07	458.76

（3）点源污染负荷与非点源污染负荷贡献率

黄泥河、北运河、九龙河、小浑河以非点源污染负荷为主；南小河 COD 点源污染负荷居多，NH_3-N 以非点源污染负荷为主；蒲河干流污染源以点源污染负荷为主（表 3-25）。

表 3-25 蒲河流域主要支流污染负荷及贡献率

河流名称	点源污染负荷/（t/a）		非点源污染负荷/（t/a）		点源污染负荷贡献率/%		非点源污染负荷贡献率/%	
	COD	NH_3-N	COD	NH_3-N	COD	NH_3-N	COD	NH_3-N
黄泥河	19.97	3.23	368.56	58.13	5.14	5.26	94.86	94.74
北运河	0	0	500.00	19.60	0.00	0.00	100.00	100.00
九龙河	143.14	31.49	423.04	46.03	25.28	40.62	74.72	59.38
南小河	368.36	26.00	255.05	255.05	59.09	9.25	40.91	90.75
小浑河	197.64	16.41	435.45	60.50	32.31	22.01	67.69	77.99
蒲河干流	831.07	73.93	393.97	19.45	68.07	79.42	31.93	20.58
总计	1 560.18	151.06	2 376.07	458.76	39.93	24.77	60.07	75.23

参考文献

[1] 张淑荣，陈利顶，傅伯杰．农业区非点源污染敏感性评价的一种方法[J]．水土保持学报，2001，15（2）：56-59.

[2] 程声通．水污染防治规划原理与方法[M]．北京：化学工业出版社，2010.
[3] 李俊然，陈利顶，郭旭东．土地利用结构对非点源的影响[J]．中国环境科学，2000，20（6）：506-510.
[4] 蔡明，李怀恩，庄咏涛，等．改进的输出系数法在流域非点源污染负荷估算中的应用[J]．水利学报，2004（7）：40-45.
[5] 李怀恩，庄咏涛．预测非点源营养负荷的输出系数法研究进展与应用[J]．西安理工大学学报，2003，19（4）：307-312.
[6] 薛利红，杨林章．面源污染物输出系数模型的研究进展[J]．生态杂志学，2009，28（4）：755-761.
[7] 刘亚琼，杨玉林，李法虎．基于输出系数模型的北京地区农业面源污染负荷估算[J]．农业工程学报，2011，27（7）：7-12.
[8] 梁博，王晓燕，曹利平．我国水环境非点源污染负荷估算方法研究[J]．吉林师范大学学报，2004（3）：58-61.
[9] 涂国安，李英，莫明浩，等.基于水文分割法的鄱阳湖入湖非点源污染研究[J]．人民长江，2012，43（1）：63-33.
[10] 张梦婕，邢威州．邯郸市农业面污染源调查与分析估算[J]．南水北调与水利科技，2013，11（4）：72-74.
[11] 蔡明，李怀恩，庄咏涛．估算流域非点源污染负荷的降雨量差值法[J]．西安农林科技大学学报，2005，33（4）：102-106.
[12] 何泓杰．基于 HSPF 模型的流溪河流域非点源污染负荷估算[D]．广州：华南理工大学，2011.
[13] 李凯，曾凡棠，房怀阳，等．基于 L-THIA 模型的市桥河流域非点源氮磷负荷分析[J]．环境科学，2013，34（11）：4218-4225.
[14] 李怀恩．估算非点源污染负荷的平均浓度法及其应用[J]．环境科学学报，2000，20（4）：397-400.
[15] 白凤姣，李天宏．基于 GIS 和 L-THIA 模型的深圳市观澜河流域非点源污染负荷变化分析[J]．环境科学，2012，33（8）：2667-2673.
[16] 杨淑静．宁夏灌区农业氮磷流失污染负荷估算研究[D]．北京：中国农业科学院，2009.
[17] 宫莹，阮晓红，胡晓东.我国城市地表水环境非点源污染的研究进展[J]．中国给水排水，2003，19（3）：21-23.
[18] 刘枫，王华东，刘培桐．流域非点源污染的量化识别方法及其在于桥水库流域的应用[J]．地理学报，1988，43（4）：329-340.
[19] 夏青，廖庆宜，庄大帮，等．水质模型中的数学模型问题[J]．环境科学情报，1985，3：12-19.
[20] 王飞儿，吕唤春，陈英旭，等．基于 Ann AGNPS 模型的千岛湖流域氮、磷输出总量预测[J]．农业工程学报，2003，19（6）：281-284.
[21] 李怀恩，沈晋．流域非点源污染模型的建立与应用实例[J]．环境科学学报，1997，12（7）：141-147.
[22] 王志标．基于 SWMM 的棕榈泉小区非点源污染负荷研究[D]．重庆：重庆大学，2007.
[23] 吴磊．三峡库区小江流域非点源污染负荷模拟研究[D]．重庆：重庆大学，2008.

[24] 耿润哲，王晓燕，焦帅，等. 密云水库流域非点源污染负荷估算及特征分析[J]. 环境科学学报，2013，33（5）：1484-1492.

[25] 李明涛，王晓燕，刘文竹. 潮河流域景观格局与非点源污染负荷关系研究[J]. 环境科学学报，2013，33（8）：2296-2305.

[26] Norvell W A，Frink C R，Hill D E. Phosphorus in Connecticut lakes predicted by landuse[J]. PNAS，1979，76（11）：5426-5429.

[27] Johnes P J. Evaluation and management of the impact of land use change on the nitrogen and phosphorus load delivered to surface waters：the export coefficient modeling approach[J]. Journal of Hydrology，1996，183：323-349.

[28] Mouri G，Shinoda S，Oki T. Assessing environmental improvement options from a water quality perspective for an urban-rural catchment[J]. Environmental Modelling & Software，2012，32（1）：16-26.

[29] Novotny V，Chesters G. Handbook of non-point pollution：Source and Management[J]. Van Nostrand Reinhold Company，1981.

[30] Bicknell B R，Imhoff J C，Kittle J L，et al. Hydrologic simulation program-Fortran；user's manual for release 10[M]. Athens：Environmental Research Laboratory，USEPA，1993.

[31] Knisel W G. CREAMS：a field scale model for chemicals，runoff，and erosion from agriculture management systems[R]. USDA Conservation Research Report，1980（26）：23-27.

[32] Basley D B，Huggins L F，Monke E J. ANSWERS：a model for watershed planning[J]. Transactions，American society of Agriculture Engineers，1980，23（4）：938-994.

[33] Young R A，Onstad C A，Bosch D D. AGNPS：a nonpoint-source pollution model for evaluating agriculture watersheds[J]. Journal of Soil and Water Conservation，1989，44（2）：168-173.

[34] Metcalf and Eddy Inc. Storm water managment model-final report.U.S.Environmental protection Agency，Water Quali-ty Office，Water pollution control Research Series，Washington DC，1971.

[35] US Environmental Protection Agency. Better assessment science integrating point and non-point source[J]. Office of Water，EPA-823-B-98-006.

[36] Amold J G.，Allem P M. Estimating hydrologic budgets for three illinois watersheds[J]. Journal of Hydrology，1996，176（1-4）：57-77.

[37] Young R A，Onstad C A，Bosch D D，et al. AGNPS：a nonpoint-source pollution model for evaluating agricultural watersheds[J]. Soil Water Conservation，1989，44（2）：168-173.

[38] Gilliland，M.W，Baxter-Potter.W. A geographic information system to predict non-point source pollution potential[J]. Water Resource Bulletin，1987，23（2）：281-291.

[39] Shen Z Y，Liao Q，Qian H，et al. An overview of research on agricultural non-point source pollution modelling in China[J]. Separation and Purification Technology，2012，84：104-111.

第4章 辽河流域水环境容量总量计算

4.1 水环境容量总量控制技术

4.1.1 国内外研究现状

（1）国外研究现状

国际上有许多学者通过不同类型的水质模型计算各种污染物在其水域内的水环境容量，并取得了丰硕成果。1925年，Streeter和Phelps首先进行了一维水质模型研究，建立了DO-BOD水质模型，简称河流S-P模型，美国国家环保局（USEPA）推出了QUAL-Ⅰ、QUAL-Ⅱ模型。随着模型的迅速发展，出现了以多维模拟、多介质模拟、形态模拟、动态模拟等为特征的多种模型，能进行一维、二维、三维动态水质模拟的WASP也在此阶段产生，1929年，Mackay首次提出了多介质模拟逸度计算法。

20世纪80年代初，Forstner和Lawrence分别进行了重金属、有机物的形态模拟研究，正式提出了多介质模型，其代表模型有多介质箱式模型、植物根区模型、水生食物链积累模型、逸度模型。在此期间，许多模型也做出了适应性改进，如河流一维稳态QUAL模型发展成为QUAL2E（1985）、QUAL2K（2002）；动态模型WASP模型先后发展出了WASP4、WASP5、WASP6、WASP7，从而成为适用于河流、水库、河口、海岸的通用模型框架。同时，随机数学、模糊数学、人工神经网络、3S技术等多种新技术方法也相继被引入水质模型的研究，极大地丰富了水质模型的方法体系。随着现代数学计算机化的普及应用，利用计算机进行模拟计算的水质模型已经越来越多地应用到水环境容量计算中，为各国水环境管理提供了便利。

（2）国内研究现状

我国对环境容量的研究始于20世纪70年代，早期主要采用简单的数学模型，如稳态、准动态模型，算法采用简单的解析解，研究内容主要是耗氧有机物，研究空间大多局限在小河或者大河的局部河段。在20世纪70年代中后期，容量研究被列为“六五”科技攻关课题，研究突飞猛进，数学模型扩大到包括溶解氧、氮转化的各种模型，算法也加入数值解等，研究内容增加了重金属等，研究范围扩展到大江大河。

“七五”期间，容量研究继续被列为“七五”科技攻关课题，相比“六五”时期，应用模型从单纯描述自然过程的物理模型发展到结合自然与人工调控过程的水质—规划—管理模型体系，研究内容也从一般耗氧有机物和重金属扩展到了氮、磷负荷和油污染，研究范围更是从某段或者单条一般河流扩大到湖泊、河口海湾及河网河流，甚至长江等大水系层面，提出了容量总量控制、目标总量控制、行业总量控制的概念。在应用实践上，先后开展了水环境综合整治规划、水污染综合防治规划、污染物总量控制规划、水环境功能区划和排污许可证试点工作，这一阶段初步构建了我国水污染总量控制的构架。

“八五”期间的工作标志着中国总量控制工作正式展开。“九五”“十五”期间，是全面深化阶段。理论研究上，“十五”科技攻关课题“流域水污染物总量控制”的研究进一步完善和规范了现有的水污染总量核定、分配和监控技术，对容量计算模型和参数选取技术进行了研究，并以辽河流域和三峡库区为实例进行了具体分析，同时对容量和总量控制理论进行了一些探索性研究，以实现水环境管理理论上的创新与突破，为我国流域水环境管理的国家战略提供了指导。

“十一五”期间，全国水环境管理从目标总量控制向容量总量控制转变，总量控制理论与技术不断完善，并开始应用先进的技术手段（如 GrcGIS、RS、GPS 的 3S 技术等），构建流域水污染物总量控制指标体系，形成与现行水污染物排放标准和地表水质量标准相适应的统一的水环境容量核定方法，起草流域总量分配技术，建立水污染总量监控和管理体系。

此外，我国台湾地区也有水环境容量的研究实例，容量的提法为涵容能力（carrying capacity），总量控制的提法或最大日负荷总量（Total Maximum Daily Load，TMDL）的译法为“总量管制”。我国香港地区早期的规划未考虑容量问题，仅按达标排放进行规划，导致仅 1988 年一年内就发生了 40 次赤潮。以此为鉴，目前香港地区的环境规划及各类工程开发活动的环境影响评价都采用了目标总量控制。

4.1.2 水环境容量总量计算方法

（1）水质模型

辽河流域地处北方寒冷地区，季节变化明显，选择一维水质模型作为水环境容量计算模型。

一维稳态水质模型为

$$\rho = \frac{M}{Q}\exp(-kt) = \rho_0 \exp\left(\frac{-kx}{u}\right) \tag{4-1}$$

式中，ρ—— 沿程污染物质量浓度，mg/L；

ρ_0 —— 河流初始质量浓度，mg/L；

k —— 河流综合降解系数，1/s；

x —— 沿程距离，m；

u —— 河流断面设计流速，m/s。

（2）水环境容量总量估算模型

一维稳态水质模型中，将模型所需参数输入模型，确定每个断面以下断面的响应系数，组成响应系数矩阵，通过规划求解计算在满足水环境质量标准的要求下，水体最大允许污染负荷量即为该河流的水环境容量。其线性规划模型为

$$\max Z=\sum_{j=1}^{m}X_j \tag{4-2}$$

目标函数：$X_j \geqslant 0$，$j=1$，2，…，m

约束条件：$\sum_{j=1}^{m}a_{ij}X_j \leqslant \rho_i, i=1,2,\cdots,n$

式中，X_j —— 决策变量，第 j 个污染源的排放量；

a_{ij} —— 第 j 源对第 i 控制点的响应系数，可由水质模拟计算得到；

ρ_i —— 控制断面（点）i 的水质控制质量浓度；

目标函数为某一污染物的最大允许排放总量。

（3）水环境容量总量计算步骤

① 计算单元划分

a. 计算断面设定原则

将河流的源头或河流在该区域的入境处、水生态功能分区的上界和下界、支流汇入口、取水口、排污口等造成河道流量、水质发生突变的点设置断面；此外，当断面间距离较大时，为减少断面各参数差距，可适当插入一个或几个断面；同时，流域内直排点源概化后的排污口也可作为控制断面。

b. 计算单元划分原则

根据辽河流域水生态功能分区、例行监测断面、入河排污口位置、补充监测断面、支流汇入位置、跨界断面等，划定水环境容量计算单元。

② 排污口概化

a. 排污口概化原则

依据《全国水环境容量核定技术指南》概化排污口。

b. 概化方法

i）河流概化。把支流河概化为排污口。

ii）概化后排污口的位置 X、概化后排污口污水排放量 Q_p 和概化后排污口污染物排放质量浓度 ρ_p 的计算公式为

$$X = \sum_{i=1}^{n} q_i \rho_i X_i / \sum_{i=1}^{n} q_i \rho_i \tag{4-3}$$

$$Q_{\rm p} = q_1 + q_2 + q_3 + \cdots + q_n \tag{4-4}$$

$$\rho_{\rm p} = (q_1\rho_1 + q_2\rho_2 + q_3\rho_3 + \cdots + q_n\rho_n) / (q_1 + q_2 + q_3 + \cdots + q_n) \tag{4-5}$$

式中，X—— 概化后的集中排放口到功能区下断面或控制断面的距离，km；

$Q_{\rm p}$—— 概化后排污口污水排放量，t/a；

ρ_p—— 概化后排污口污染物排放质量浓度，mg/L；

q_n—— 第 n 个排污口污水流量，m^3/s；

ρ_n—— 第 n 个排污口污染物质量浓度，mg/L；

X_i—— 第 i 个排污口到控制断面的距离，km。

③ 设计水文条件

a. 流量设计

综合考虑辽河流域季节性变化水文特征和水环境管理要求，选择 25%、50%、75% 保证率，设计干流和支流流量。采用 P—III配线法，求得水文变量设计值与频率（或重现期）之间的定量关系。

对于没有水文站的河段，根据流域相似特征，采用水文比拟法计算缺少水文数据的河流流量，计算公式为

$$Q = Q_1 K_1 K_2 \tag{4-6}$$

式中，Q、Q_1—— 分别为设计流域和参证流域的多年平均流量，m^3/s；

K_1、K_2—— 分别为流域面积和年降水量的修正系数。

其中，$K_1 = A / A_C$，$K_2 = P / P_C$

A、A_C—— 分别为设计流域和参证流域的流域面积，km^2；

P、P_C—— 分别为设计流域和参证流域的多年平均降水量，mm。

b. 流速设计

根据水文站实测断面水位和流量的关系，确定实测断面的流速、水深、河宽、过水断面和流量的关系，通常采用以下表达式计算：

平均水深—流量关系： $H = a_1 Q^{b_1}$ （4-7）

河宽—流量关系： $B = a_2 Q^{b_2}$ （4-8）

流速—流量关系： $U = a_3 Q^{b_3}$ （4-9）

在计算过程中总要满足系数 $a_1+a_2+a_3=1$，$b_1 \times b_2 \times b_3=1$，当已知河流实测流量成果及实测大断面数据时，就有若干组（Q、U、B），采用回归分析方法估算 a、b。在经验关系式中，代入断面设计流量 Q，可以分别求出设计流速 U、平均设计水深 H 和设计水面宽 B。

④ 模型参数确定

参数选取是模型建立的最重要的步骤之一，其取值的不同将直接体现研究对象的某些特征，对于模拟结果可能产生很大的影响，是模型能否准确反映水质变化及容量计算的关键。

污染物降解系数是反映河流水质污染变化情况、建立水质模型、计算水环境容量的重要参数之一。降解系数受水温、污染物的浓度梯度、河道状况和水文特征等的影响。水温越高，降解系数越大，对于北方的河流，夏季的降解系数要比冬季高出 1～2 倍；浓度梯度越大，降解系数越大；河流的流量越大、含沙量越多、河面越窄、水深越浅，降解系数越大；弯曲型河道自净速度较快。张亚丽等综合国内外多条河流的研究成果得出：平水期的综合降解系数为枯水期的 1.11～1.25 倍，综合降解系数为枯水期的 1.25～1.43 倍。确定污染物降解系数的方法有很多，主要有经验参数法、水团追踪试验法、类比法、实测资料反推法和实验室模拟法等。

a. 经验参数法

《辽河流域水污染物总量控制管理技术研究成果》通过试验方法得出：辽河流域污染物综合降解系数 COD 取 0.1 d^{-1}，NH_3-N 取 0.05 d^{-1}；

《全国水环境容量核定工作常见问题辨析》中规定了 COD 和 NH_3-N 综合降解系数的最大值，即 COD 综合降解系数取 0.15～0.20 d^{-1}，NH_3-N 综合降解系数取值为 0.1 d^{-1}；

2013 年单铎对北京市北运河流域 NH_3-N 在不同温度下的降解系数进行了研究（表 4-1）。

表 4-1 不同温度下的降解系数

温度/℃	5	10	15	17.5	20	22.5	25	27.5
NH_3-N 降解系数 K/d^{-1}	0.025	0.192	0.300	0.352	0.409	0.486	0.480	0.521

国内研究者对国内部分河流 COD 和 NH_3-N 的降解系数研究成果见表 4-2。

表 4-2 国内部分河流降解系数

河流名称	K_{COD}	$K_{NH_3\text{-}N}$	河流	研究者	K_{COD}
桂林桃花江	0.300	0.350	泾河	马光耀等	0.091
黄河宁夏段	0.200	0.280～0.300	淮河	陈炎等	0.009～0.340
黄河兰州段	0.185～0.240	0.094～0.105	乐安河	万金保等	0.470
济南小清河	0.327	0.071	汉江陕西段	寇晓梅等	0.187
柳江柳州段	0.250	0.160	金堤河（黄河水系）	程志臣等	0.133

b. 水团追踪试验法

水团追踪试验法又称两点法，根据上下游两点的质量浓度、距离和流速计算降解系数。计算公式为

$$K=u\left(\ln\rho_a-\ln\rho_b\right)/86\,400x \tag{4-10}$$

式中，K——降解系数，d^{-1}；

u——速度，m/s；

ρ_a——上游断面的质量浓度，mg/L；

ρ_b——下游断面的质量浓度，mg/L；

x——上下游断面间的距离，m。

c. 温度和降解系数的关系

国内外研究成果表明，水体温度越高，降解系数越大，且二者之间的定量关系已经有较为可靠的研究成果，不同水温条件下 K 值估算关系式为

$$K_T=K_{20}\theta^{(T-20)} \tag{4-11}$$

式中，K_T——T℃时的降解系数，d^{-1}；

T——水温，℃；

K_{20}——20℃时的降解系数，d^{-1}；

θ——温度系数。

菲尔普斯于 1925 年提出，θ 值是一个常数，具体数值是 1.047。而施罗布菲尔于 1964 年提出，温度系数不是常数，因水温不同而异，其具体数值是：在 4～20℃时，θ 值为 2.135；在 20～30℃时，θ 值为 1.056。

单铎以北京市北运河为例，用菲尔普斯公式表示反应速率和温度的关系，并对 K 值和温度进行回归，剔除可疑点后得到 NH_3-N 降解系数和温度的数量关系：在 10～27.5℃时，θ 值为 1.062 48。

⑤ 响应关系矩阵

响应关系矩阵为在设计水文条件下排放口排放单位负荷对断面产生的浓度贡献。通过一维水质模型计算，得到表征干流直排口和入干支流排放单位污染负荷对其下游各个控制断面产生的浓度贡献的线性响应系数矩阵。

其中，a_{ij} 为第 j 源对第 i 控制点的响应系数，可由水质模拟计算得到。根据河流污染物一维稳态降解规律的微分方程得

$$\rho=\frac{\rho_p\times Q_p+\rho_j\times Q_j}{Q_p+Q_j}\times e^{-Kx/u} \tag{4-12}$$

式中，ρ——沿程污染物质量浓度，mg/L；

Q_p——设计上游来水流量，m^3/s；

ρ_p——设计上游来水水质质量浓度，mg/L；

Q_j —— 设计污水流量，m^3/s；

ρ_j —— 设计污水排放质量浓度，mg/L；

u —— 河流断面平均流速，m/s；

x —— 沿程距离，m；

K —— 降解系数，d^{-1}。

当ρ_p=0，$Q_j\rho_j$=1 g/s 时，第 j 源对第 i 控制点的响应系数 $a_{ij}=\dfrac{1}{Q_p+Q_j}\times e^{-Kx/u}$

当 $Q_j\rho_j$=0 时，第 j 源对第 i 控制点的背景浓度 $\rho_{ij}=\rho_p\times e^{-Kx/u}$ 。

⑥ 模型参数验证与容量计算

在模型参数设定的基础上，对模拟结果进行水质和水动力验证，测试模型的精准程度。

4.2 辽河流域盘锦段水环境容量总量计算

根据已收集的资料，曙光大桥至河口的氯化物明显增加，据此将辽河流域盘锦段划分为感潮河段与河流段，其中，感潮河段指曙光大桥至河口，全长约为 13 012 km，有绕阳河、清水河两条支流汇入。由于河网地区水流受潮汐的影响，河道中的水流方向不固定，在潮汐作用下按一定周期涨落，辽河河口区潮汐类型属于不正规半日潮，每日涨潮两次，落潮两次。感潮河段选用河口—水质规划解析模型来估算河口水环境容量。

4.2.1 控制断面与计算单元

根据控制断面确定原则，辽河流域盘锦段确定 6 个直排源概化口、6 个支流入河口控制断面，共划分 12 个计算单元（表 4-3、图 4-1）。

表 4-3 辽河流域盘锦段控制断面及计算单元

控制断面	计算单元
充分混合断面 1（距排污口 500 m）	排污口 1 汇水区
充分混合断面 2（距排污口 500 m）	排污口 2 汇水区
充分混合断面 3（距排污口 500 m）	排污口 3 汇水区
支流汇入口断面 1（下游 500 m）	小柳河支流汇水区
充分混合断面 4（距排污口 500 m）	排污口 4 汇水区
充分混合断面 5（距排污口 500 m）	排污口 5 汇水区
支流汇入口断面 2（下游 500 m）	一统河支流汇水区
充分混合断面 6（距排污口 500 m）	排污口 6 汇水区
支流汇入口断面 3（下游 500 m）	螃蟹沟支流汇水区

控制断面	计算单元
支流汇入口断面 4（下游 500 m）	太平河支流汇水区
支流汇入口断面 5（下游 500 m）	绕阳河支流汇水区
支流汇入口断面 6（下游 500 m）	清水河支流汇水区

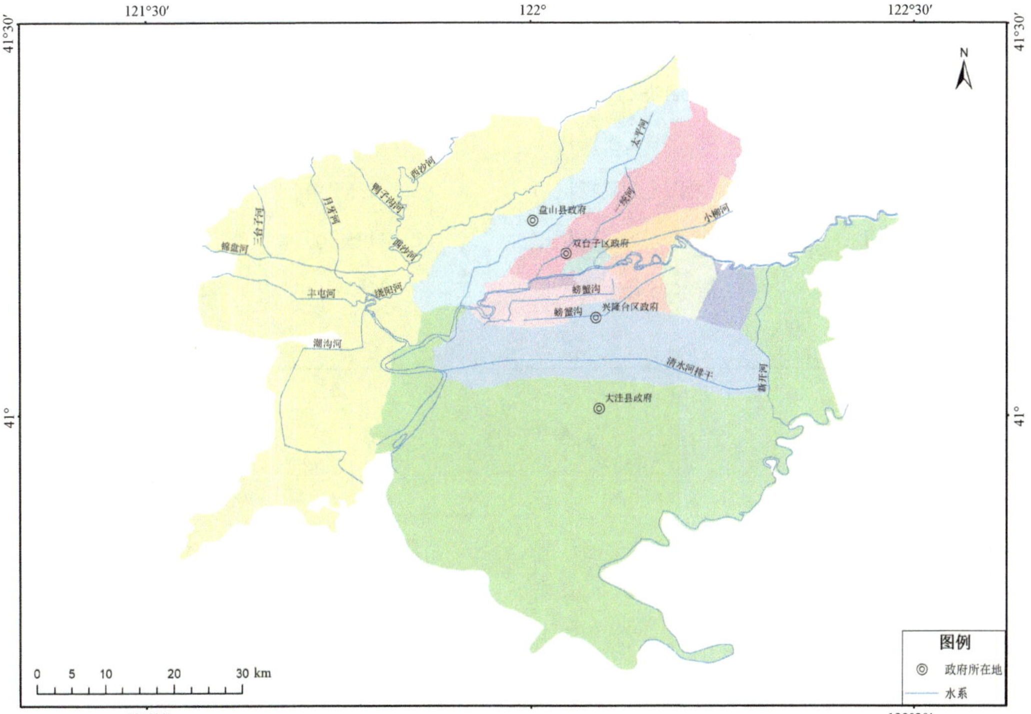

图 4-1 辽河流域盘锦段控制断面及计算单元

4.2.2 河流及排污口概化

根据排污口概化原则，将盘锦段干流直排点源进行概化，考虑河流水文特征、水质等，将小柳河、一统河、螃蟹沟、太平河、绕阳河、清水河 6 条一级支流作为概化排污口（表 4-4、图 4-2）。

表 4-4 辽河流域排污口概化

概化点名称	概化排污口	概化排污口坐标	
		经度（E）	纬度（N）
LHWSC1	排污口 1	122°15′45″	41°11′49″
LHQY2	排污口 2	122°12′01″	41°13′21″
LHQY3	排污口 3	122°9′47″	41°11′39″

概化点名称	概化排污口	概化排污口坐标	
		经度（E）	纬度（N）
LHQY4	排污口 4	122°5′16″	41°11′54″
LHQY5	排污口 5	122°4′02″	41°10′53″
LHWSC6	排污口 6	122°0′12″	41°10′12″
闸北桥	小柳河支流概化口	122°4′02″	41°10′53″
一统河桥	一统河支流概化口	122°0′39″	41°10′35″
兴跃桥	螃蟹沟支流概化口	121°56′25″	41°8′35″
新生桥	太平河支流概化口	121°55′14″	41°8′50″
绕阳河	绕阳河支流概化口	41°5′30″	121°51′34″
清水河桥	清水河支流概化口	121°54′13″	41°3′40″

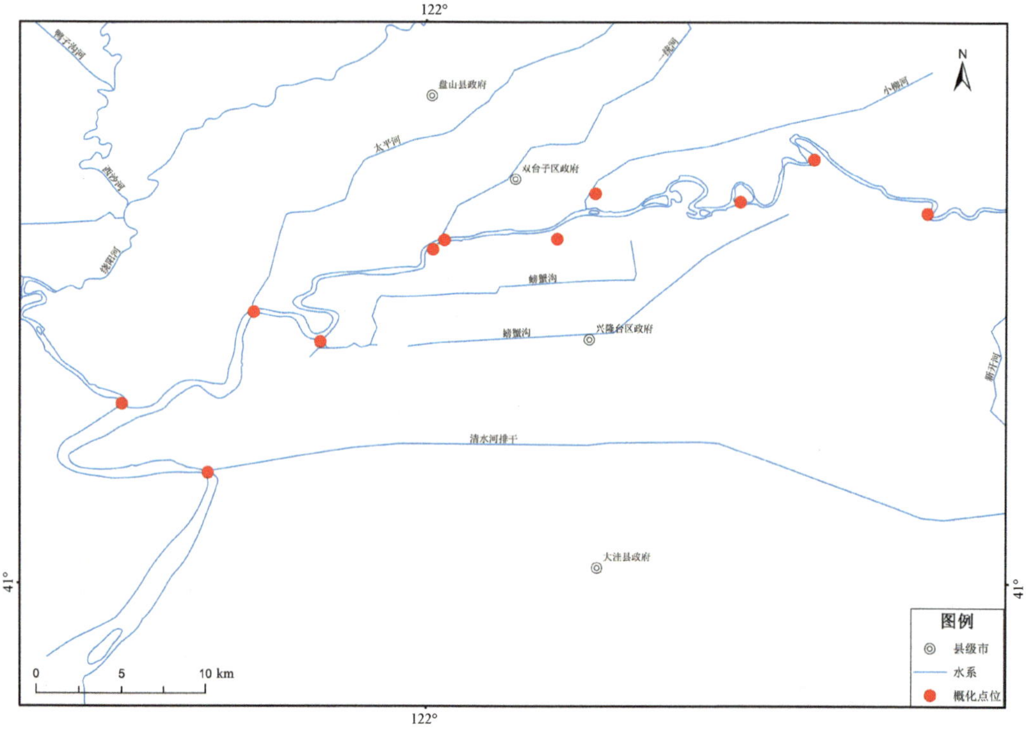

图 4-2 辽河流域盘锦段排污口概化点位

4.2.3 水文条件设计

根据水文设计方法，结合辽河流域盘锦段多年的水文数据、地形等资料，按照 25%、50%、75%保证率设计辽河流域盘锦段支流流量和流速（表 4-5、表 4-6）。

表 4-5　辽河流域盘锦段不同保证率下的支流流量设计

断面名称	支流名称	流域面积/km^2	不同保证率下的设计流量/（m^3/s）		
			25%保证率	50%保证率	75%保证率
闸北桥	小柳河	48.59	0.46	0.1	0.07
一统河桥	一统河	141.87	1.93	0.33	0.02
兴跃桥	螃蟹沟	76.3	1.08	0.28	0.06
新生桥	太平河	210.7	2.86	0.49	0.03
胜利塘	绕阳河	921.1	12.04	3.12	0.12
清水河桥	清水河	249.54	3.53	0.92	0.03

表 4-6　辽河流域盘锦段不同保证率下的干支流流速设计　单位：m/s

控制断面	不同保证率下的设计流速			河流
	25%保证率	50%保证率	75%保证率	
双台子河六间房	0.26	0.13	0.12	辽河干流
双台子河九台子	0.26	0.13	0.12	辽河干流
支流汇入口 1	0.27	0.13	0.12	小柳河入干处
支流汇入口 2	0.28	0.14	0.12	一统河入干处
支流汇入口 3	0.28	0.15	0.12	螃蟹沟入干处
支流汇入口 4	0.29	0.16	0.12	太平河入干处
曙光大桥	0.29	0.16	0.14	辽河干流
支流汇入口 5	0.33	0.19	0.14	绕阳河入干处
支流汇入口 6	0.34	0.2	0.14	清水河入干处
辽河河口	0.34	0.2	0.14	辽河干流

4.2.4　模型参数确定

根据辽河流域盘锦段河网状况，采用两点法测算 COD 和 NH_3-N 的降解系数。在太平河干流选取 2 个连续监测点位，一统河干流选取 3 个连续监测点位（图 4-3），平水期采样测定 COD 和 NH_3-N 的浓度，根据两点法测定两条干流 COD 和 NH_3-N 的降解系数及平均降解系数（表 4-7、表 4-8），测定结果与“十五”辽河流域污染物总量控制项目测定的降解系数 COD（$0.1\ d^{-1}$）、NH_3-N（$0.05\ d^{-1}$）接近。

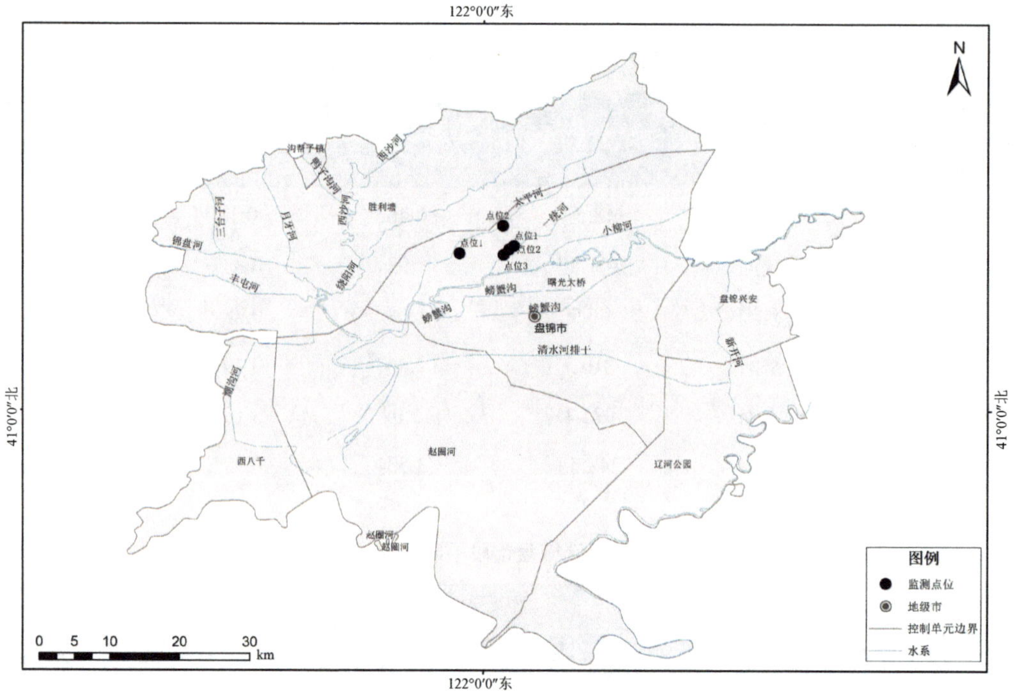

图 4-3　辽河流域盘锦段降解系数测算点位

表 4-7　辽河流域盘锦段污染物降解系数

监测河流	监测点位	降解系数/d^{-1}		平均降解系数/d^{-1}	
		COD	NH_3-N	COD	NH_3-N
太平河	点位 1—点位 2	0.26	0.041	0.19	0.051
一统河	点位 1—点位 2	0.094	0.064		
	点位 2—点位 3	0.22	0.048		

表 4-8　两点法降解系数

河流	监测点位	经度（E）	纬度（N）	与上断面间的距离/m
太平河	点位 1	122°1′27″	41°14′11″	0
	点位 2	121°58′07″	41°12′03″	2 600
一统河	点位 1	122°2′15″	41°12′37″	0
	点位 2	122°1′57″	41°12′22″	900
	点位 3	122°1′30″	41°11′57″	1 100
降低系数（d^{-1}）	太平河	COD	平水期	0.260
		NH_3-N		0.041
	一统河	COD	平水期	0.094
		NH_3-N	平水期	0.064
		COD	平水期	0.220
		NH_3-N	平水期	0.048

4.2.5 水环境容量总量计算

（1）模型验证

采用一维稳态水质模型及线性规划模型［式（4-1）和式（4-2）］，依据 2013 年 9 月盘山（四）水文站水文数据、例行监测水质数据，概化排污口污染物入河量、曙光大桥水质监测数据，对盘锦段水质模型结果进行验证，模拟曙光大桥实测值与模拟值（表 4-9），经验证模型模拟结果可靠。

表 4-9 盘山（四）水文站（监测断面）水文与质量浓度模拟验证

水文站	2013 年	流量/（m^3/s）			断面污染物质量浓度/（mg/L）		
	月份	模拟	实测	误差	模拟	实测	误差
盘山（四）	9	653.0	673.0	3.0	30.8	32.0	3.9

（2）水环境容量计算

根据辽河流域盘锦段水生态功能三级分区设定的控制断面水质目标，采用一维水质模型、线性规划模型和河网区水质模型，根据北方河流季节性特征，综合考虑现有经济技术条件和污染物排放现状，依据水环境容量分配原则，计算盘锦段不同保证率的水环境容量（表 4-10）。

表 4-10 辽河流域盘锦段不同保证率条件下水环境容量 单位：t/a

计算单元	水环境容量					
	25%保证率		50%保证率		75%保证率	
	COD	NH_3-N	COD	NH_3-N	COD	NH_3-N
排污口 1 汇水区	231.70	16.74	45.04	2.58	31.71	1.76
排污口 2 汇水区	0.02	0.00	0.00	0.00	0.00	0.00
排污口 3 汇水区	1.64	0.00	0.32	0.00	0.22	0.00
排污口 4 汇水区	1.67	0.38	0.33	0.06	0.23	0.04
小柳河汇水区	910.68	131.70	177.04	20.28	124.65	13.84
排污口 5 汇水区	0.03	0.00	0.01	0.00	0.00	0.00
一统河汇水区	2 737.44	100.09	532.17	15.41	374.69	10.52
排污口 6 汇水区	895.24	73.87	174.04	11.38	122.54	7.76
螃蟹沟汇水区	5 102.62	304.20	991.97	46.84	698.43	31.97
太平河汇水区	1 739.79	164.61	338.22	25.35	238.14	17.30

计算单元	水环境容量					
	25%保证率		50%保证率		75%保证率	
	COD	NH_3-N	COD	NH_3-N	COD	NH_3-N
绕阳河汇水区	11 517.32	342.37	2 239.01	52.72	1 576.44	35.98
清水河汇水区	5 799.65	329.21	1 127.47	50.70	793.83	34.60
总计	28 937.80	1 463.17	5 625.62	225.32	3 960.89	153.78

4.3 浑河流域水环境容量总量计算

4.3.1 控制断面与计算单元

根据控制断面确定原则，考虑浑河流域支流、功能区、排污口、跨界断面，将浑河流域划分了 64 个控制断面及计算单元（表 4-11、图 4-4）。

表 4-11 浑河流域控制断面与计算单元

河段名称	控制断面	计算单元
抚顺段	源头断面	英额河上游汇水区
	充分混合断面 1	排污口 1 汇水区
	红河汇入断面	红河汇水区
	充分混合断面 2	排污口 2 汇水区
	充分混合断面 3	排污口 3 汇水区
	南口前镇功能区断面	上游汇水区
	充分混合断面 4	排污口 4 汇水区
	充分混合断面 5	排污口 5 汇水区
	概化口混合断面 1	概化口 1 汇水区
	概化口充分混合断面 2	概化口 2 汇水区
	充分混合断面 6	排污口 6 汇水区
	大伙房水库入口监测断面	大伙房上游汇水区
	大伙房水库坝下功能区断面	大伙房坝下入境区
	支流汇入口 1	章党河汇水区
	充分混合断面 1	排污口 1 汇水区
	支流汇入口 2	东洲河汇水区
	充分混合断面 2	排污口 2 汇水区

河段名称	控制断面	计算单元
抚顺段	充分混合断面 3	排污口 3 汇水区
	概化口充分混合断面 1	概化口 1 汇水区
	支流汇入口 3	欧家河汇水区
	充分混合断面 4	排污口 4 汇水区
	概化口充分混合断面 2	概化口 2 汇水区
	支流汇入口 4	古城子河汇水区
	概化口充分混合界面 3	概化口 3 汇水区
	支流汇入口 5	方晓河汇水区
	充分混合断面 5	排污口 5 汇水区
	支流汇入口 6	友爱河汇水区
	充分混合断面 6	排污口 6 汇水区
	支流汇入 7	李石河汇水区
	七间房断面功能区断面	功能区界面计算单元
沈阳段	高坎大桥功能区界面	功能区界面计算单元
	充分混合断面 1	排污口 1 汇水区
	充分混合断面 2	排污口 2 汇水区
	概化口充分混合断面 1	概化点 1 汇水区
	支流汇入口 1	杨官河汇水区
	支流汇入口 2	张官河汇水区
	蒲河西桥断面	蒲河支流汇水区
	概化口充分混合断面 2	概化点 2 汇水区
	支流汇入口 3	南运河汇水区
	充分混合断面 3	排污口 3 汇水区
	支流汇入口 4	白塔堡河汇水区
	充分混合断面 4	排污口 4 汇水区
	支流汇入口 5	细河汇水区
	黄北村功能区断面	功能区计算单元
	七台子功能区断面	功能区计算单元
	支流汇入口 6	蒲河汇水区
	小西地功能区断面	功能区计算单元
	于家房功能区断面	功能区计算单元
	上顶子村功能区断面	功能区计算单元

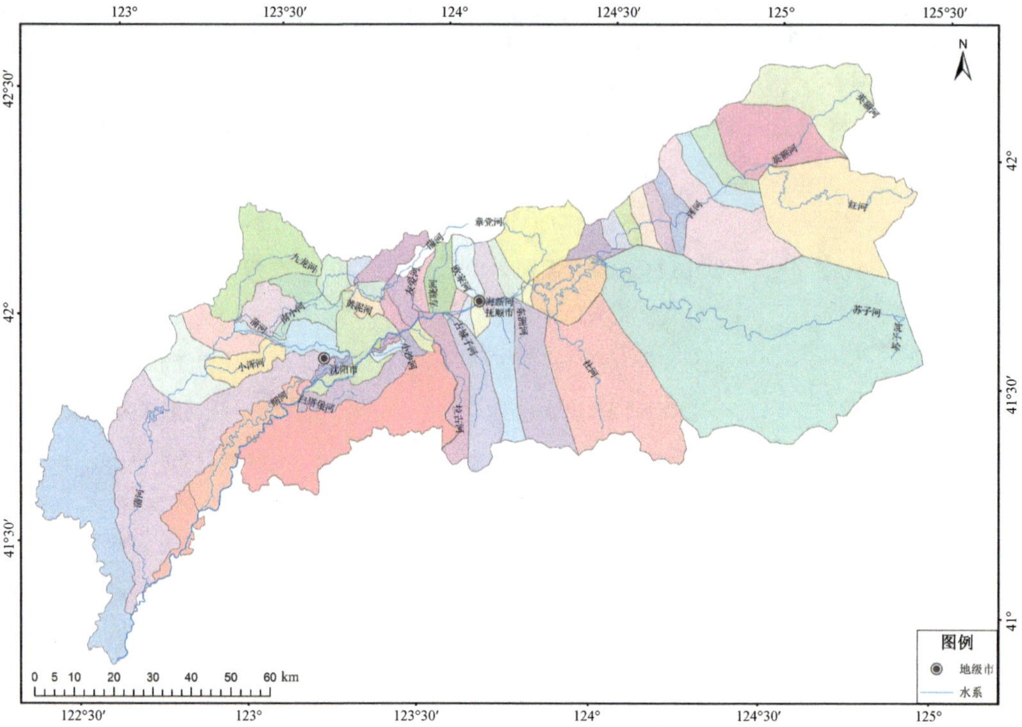

图 4-4 浑河流域水环境容量计算单元划分

4.3.2 河流及排污口概化

浑河流域抚顺段、沈阳段支流、企业直排口众多。考虑数据采集状况、河流水文特征、水质等，根据河流及排污口概化原则，对支流河及排污口进行概化（表 4-12、图 4-5）。

表 4-12 浑河流域排污口概化

概化排污口	概化企业名称	概化排污口坐标	
		经度（E）	纬度（N）
排污口 1	HHQY1	124°49′34″	42°4′59″
排污口 2	HHQY2	124°44′10″	42°3′21″
排污口 3	HHQY3	124°42′45″	42°2′23″
排污口 4	HHQY4	124°31′30″	42°1′05″
排污口 5	HHWSC5	124°30′02″	41°59′44″
概化口 1	HHQY6	124°17′00″	41°58′37″
	HHQY7		
概化口 2	HHQY8	124°23′32″	41°57′36″
	HHQY9		

概化排污口	概化企业名称	概化排污口坐标	
		经度（E）	纬度（N）
排污口 6	HHWSC10	124°23′04″	41°58′33″
排污口 7	HHQY11	124°3′18″	41°52′02″
排污口 8	HHQY12	124°0′57″	41°52′44″
	HHQY13		
排污口 9	HHWSC14	123°59′16″	41°51′59″
概化口 3	HHQY15	123°56′19″	41°52′49″
	HHQY16		
排污口 10	HHQY17	123°51′51″	41°51′03″
概化口 4	HHQY18	123°54′25″	41°53′09″
	HHQY19		
概化口 5	HHQY20	123°50′38″	41°52′15″
	HHQY21		
	HHQY22		
排污口 11	HHWSC23	123°50′46″	41°50′06″
排污口 12	HHWSC24	123°43′56″	41°50′02″
排污口 13	HHQY25	123°42′16″	41°50′41″
排污口 14	HHQY26	123°39′28″	41°49′54″
概化口 6	HHQY27	123°35′34″	41°48′32″
	HHQY28		
概化口 7	HHQY29	123°26′12″	41°44′33″
	HHQY30		
	HHQY31		
	HHQY32		
	HHQY33		
	HHQY34		
排污口 15	HHWSC35	123°21′19″	41°44′45″
排污口 16	HHWSC36	123°18′59″	41°42′55″

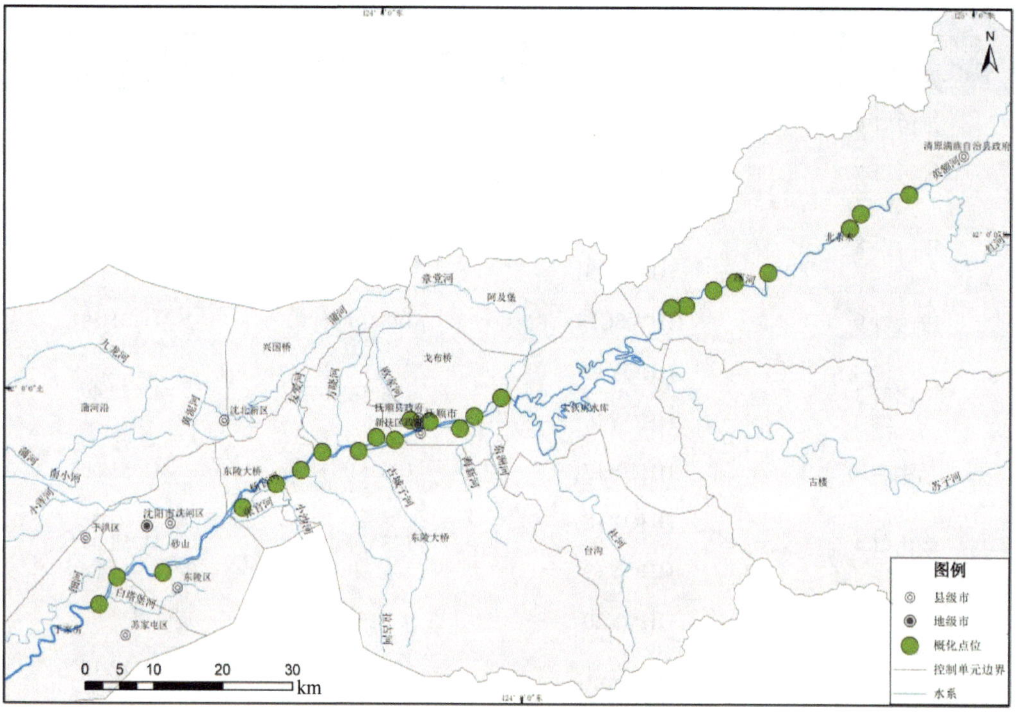

图 4-5　浑河流域概化排污口分布

4.3.3　水文条件设计

以大伙房水库为界，浑河流域抚顺段水库上、下游分别以北口前和抚顺（二）水文站水文数据，沈阳段以沈阳（三）站、黄腊坨站、邢家窝棚集三个水文站多年的水文数据为依据，计算不同保证率下的浑河流域干流及支流流量（表 4-13）。

表 4-13　浑河流域不同保证率下的干流及支流设计水文条件

河段名称	控制断面	不同保证率下的设计流量/（m^3/s）			不同保证率下的设计流速/（m/s）		
		25%保证率	50%保证率	75%保证率	25%保证率	50%保证率	75%保证率
抚顺段	英额河源头	5.15	3.33	3.3	0.31	0.23	0.23
	红河入干前	4.16	2.29	2.25	0.47	0.33	0.33
	南口前镇控制断面	5.32	3.63	3.56	0.47	0.33	0.33
	大伙房水库入口	5.35	3.66	3.59	0.47	0.33	0.33
	大伙房水库坝下	17.26	3.82	4.23	0.05	0.02	0.02
	章党河入干前	2.46	0.72	0.15	0.06	0.02	0.02
	东洲河入干前	1.84	1.22	0.61	0.06	0.02	0.02

河段名称	控制断面	不同保证率下的设计流量/（m^3/s）			不同保证率下的设计流速/（m/s）		
		25%保证率	50%保证率	75%保证率	25%保证率	50%保证率	75%保证率
抚顺段	欧家河入干前	0.99	0.26	0.05	0.06	0.02	0.02
	古城子河入干前	3.51	0.91	0.19	0.07	0.03	0.02
	方晓河入干前	0.58	0.15	0.03	0.07	0.03	0.02
	友爱河入干前	0.64	0.17	0.04	0.07	0.03	0.02
	李石河入干前	1.98	0.51	0.11	0.08	0.04	0.03
沈阳段	杨官河入干前	5.22	1.39	0.91	0.01	0.003	0.01
	张官河入干前	4.22	1.52	0.94	0.01	0.003	0.01
	南运河入干前	7.98	3.38	2.1	0.02	0.01	0.01
	胜利大桥功能区断面	7.98	3.38	2.1	0.18	0.11	0.09
	白塔堡河入干前	10.63	5.92	4.56	0.20	0.15	0.13
	细河入干前	10.65	11.54	7.68	0.20	0.21	0.17
	黄北村功能区断面	19.05	11.54	7.68	0.28	0.21	0.17
	蒲河入干前	19.05	13.54	8.68	0.28	0.23	0.18
	于家房功能区断面	22.05	13.54	8.68	0.15	0.11	0.08
	上顶子村功能区断面	22.05	13.54	8.68	0.15	0.11	0.08

4.3.4　模型参数确定

（1）动力学参数

根据辽河流域盘锦段水动力学参数确定方法，分析水文站河流断面的水动力学参数（表 4-14）。

表 4-14　浑河流域动力学参数分析结果

实测大断面	流速—流量关系（$U=aQ^b$）		河宽—流量关系（$B=aQ^b$）		平均水深—流量关系（$H=aQ^b$）	
	系数 a	系数 b	系数 a	系数 b	系数 a	系数 b
北口前	0.098	0.702 2	33.464 4	0.156 5	0.305 1	0.141 3
抚顺（二）站	0.006 2	0.738 7	207.788 5	0.083 7	0.774 4	0.177 5
沈阳（三）站	0.002	1.01	303.87	0.02	2.17	0.03
黄腊坨站	0.06	0.52	81.57	0.08	0.2	0.4
邢家窝棚站	0.02	0.7	42.99	0.16	1.34	0.14

（2）降解系数确定

在浑河流域抚顺段选取 3 个监测点位，在蒲河干流、新开河干流、白塔堡河连续选取 2 个监测点位，测定平水期 COD 和 NH_3-N 的浓度。采用两点法计算出 COD 和 NH_3-N 的综合降解系数（图 4-6、表 4-15）。根据测定值确定 COD 和 NH_3-N 的综合降解系数。根据实测平水期降解系数，利用水体温度和污染物综合降解系数关系（θ_{COD}=1.047，$\theta_{NH_3\text{-}N}$=1.062 48），综合考虑经验值得到浑河流域抚顺段 COD 和 NH_3-N 平水期的降解系数分别为 0.232 d^{-1} 和 0.184 d^{-1}，浑河流域沈阳段 COD 和 NH_3-N 的综合降解系数分别为 0.16 d^{-1} 和 0.047 d^{-1}。

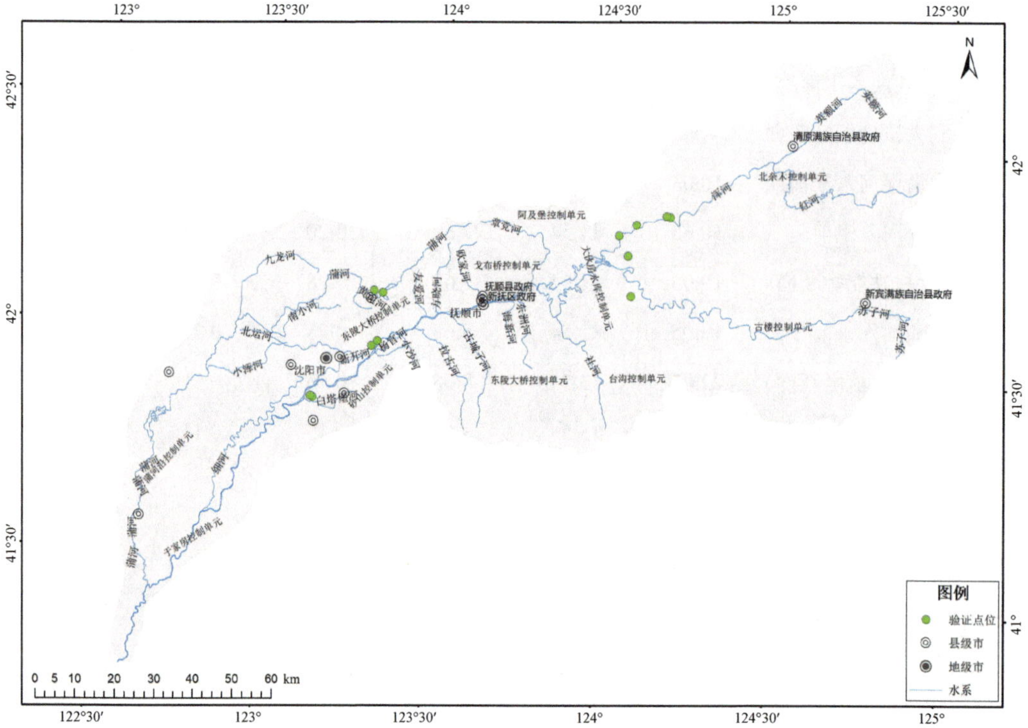

图 4-6　浑河流域降解系数验证点位

表 4-15　两点法确定降解系数

河段名称	监测点位	采样位置	经纬度		与上断面距离/m	降解系数/d^{-1}	
			经度（E）	纬度（N）		COD	NH_3-N
抚顺段	点位 1	上断面	124°13′16″	41°59′22″	0	0.205	0.198
		下断面	124°21′44″	41°58′19″	1 200		
	点位 2	上断面	124°31′34″	41°59′39″	0	0.241	0.152
		下断面	124°30′59″	41°59′54″	1 400		
	点位 3	上断面	124°22′35″	41°55′30″	0	0.250	0.203
		下断面	124°21′38″	41°50′11″	3 000		

河段名称	监测点位	采样位置	经纬度		与上断面距离/m	降解系数/d^{-1}	
			经度（E）	纬度（N）		COD	NH_3-N
沈阳段	点位 1	上断面	123°37′45″	41°55′42″	0	0.130	0.065
		下断面	123°36′17″	41°56′07″	2 200		
	点位 2	上断面	123°21′33″	41°43′25″	0	0.240	0.024
		下断面	123°21′17″	41°43′39″	900		
	点位 3	上断面	123°35′02″	41°49′30″	0	0.101	0.051
	点位 4	下断面	123°33′49″	41°48′58″	1 300		

4.3.5　水环境容量总量计算

（1）模型验证

采用一维稳态水质模型及线性规划模型，依据 2013 年 10—11 月抚顺（二）站、沈阳（三）站等水文数据、水质监测数据，对浑河流域流量与水质模型结果进行验证，抚顺（二）站实测值与模拟值见表 4-16，经验证模型模拟结果可靠。

表 4-16　抚顺（二）水文站流量与浓度模拟验证

水文站	2013 年	流量/（m^3/s）			断面污染物质量浓度/（mg/L）		
	月份	模拟	实测	误差	模拟	实测	误差
抚顺（二）站	10	6.4	7.0	8.3	24.3	25.0	1.1
	11	6.7	7.5	10.8	23.3	24.0	3.0

（2）水环境容量计算

根据河流水环境容量计算技术，采用一维稳态水质模型，根据污染物入河量与水质响应关系及污染物降解系数，计算浑河流域大伙房水库上游、大伙房水库下游、沈阳段不同保证率的 COD、NH_3-N 水环境容量（表 4-17～表 4-19）。

表 4-17　浑河流域大伙房水库上游近期目标水环境容量　　单位：t/a

断面名称	水环境容量					
	25%保证率		50%保证率		75%保证率	
	COD	NH_3-N	COD	NH_3-N	COD	NH_3-N
源头断面	2 436.16	81.22	1 575.22	52.51	1 561.03	52.03
充分混合断面 1	384.50	6.68	327.79	5.78	326.67	5.76
红河汇入断面	687.19	5.77	641.72	4.28	625.77	4.23
充分混合断面 2	1 711.61	61.04	910.38	32.94	894.18	32.36

断面名称	水环境容量					
	25%保证率		50%保证率		75%保证率	
	COD	NH_3-N	COD	NH_3-N	COD	NH_3-N
充分混合断面 3	33.81	0.58	29.25	0.51	29.14	0.50
充分混合断面 4	246.70	4.19	209.88	3.59	209.03	3.58
充分混合断面 5	22.26	0.41	19.65	0.37	19.59	0.37
概化口混合断面 1	24.55	0.30	21.37	0.37	21.3	0.27
概化口充分混合断面 2	6.27	1.82	5.84	1.56	5.84	0.38
充分混合断面 6	117.42	0.41	101.68	0.38	101.31	0.38
合计	5 670.47	162.42	3 842.78	102.29	3 793.86	99.86

表 4-18 浑河流域大伙房水库下游近期目标水环境容量 单位：t/a

断面名称	水环境容量					
	25%保证率		50%保证率		75%保证率	
	COD	NH_3-N	COD	NH_3-N	COD	NH_3-N
章党河	10 029.07	633.80	2 602.31	151.20	2 479.78	145.20
中国人民解放军 6409 工厂	2 393.84	71.58	1 098.69	32.45	918.54	25.07
东洲河	1 288.35	68.52	989.45	48.39	534.94	24.84
抚顺矿业集团矿用机电设备制造厂	1 246.53	38.66	700.69	23.06	567.15	17.47
海新河污水处理厂	1 577.99	41.71	1 077.69	29.79	1 025.97	28.50
概化口 1	1 088.36	27.97	737.86	19.46	707.82	18.81
欧家河	1 115.84	47.52	524.28	18.50	336.41	9.52
抚顺矿业集团有限责任公司运输部	989.65	28.88	536.29	14.64	489.15	12.82
概化口 2	644.66	16.27	446.69	11.42	424.17	10.87
古城子河	4 146.23	173.80	1 859.13	66.55	1 167.51	34.38
概化口 3	1 569.00	53.20	631.08	18.92	538.22	14.61
方晓河	1 268.98	43.65	701.74	21.03	549.08	14.70
海城污水处理厂	1 671.59	58.52	1 345.20	49.59	1 270.49	46.77
友爱河	958.08	39.42	428.47	16.15	302.18	10.91
抚顺市三宝屯污水处理厂	2 874.16	143.95	3 153.53	152.70	3 111.92	148.48
李石河	3 523.84	140.67	1 646.95	60.40	1 248.45	44.36
总计	36 386.17	1 628.12	18 480.05	734.25	15 671.78	607.31

表 4-19 浑河流域沈阳段近期目标水环境容量 单位：t/a

断面名称	COD 环境容量			NH_3-N 环境容量		
	25%保证率	50%保证率	75%保证率	25%保证率	50%保证率	75%保证率
排污口 1	29.88	15.20	10.02	3.37	1.64	1.12
排污口 2	0.08	0.04	0.03	0.02	0.01	0.01
概化点 1	0.16	0.08	0.05	0.02	0.01	0.01
杨官河支流	1 301.92	662.26	436.43	2.05	1.00	0.68
张官河支流	1 394.91	709.56	467.60	2.05	1.00	0.68
概化点 2	672.66	342.17	225.49	8.55	4.16	2.83
南运河支流	2 678.23	1 362.36	897.80	34.92	17.00	11.58
排污口 3	4 524.37	2 301.45	1 516.67	210.55	102.49	69.84
白塔堡河支流	1 686.29	857.78	565.28	78.04	37.99	25.89
排污口 4	195.90	99.65	65.67	6.61	3.22	2.19
细河支流	15 436.99	7 852.46	5 174.82	836.70	407.29	277.53
蒲河支流	9 609.37	4 888.08	3 221.28	194.34	94.60	64.46
总计	37 530.77	19 091.09	12 581.15	1 377.22	670.41	456.82

4.4 太子河流域水环境容量总量计算

4.4.1 控制断面与计算单元

根据排污口概化与功能区界面、例行控制断面，结合水环境容量计算条件，将太子河流域划分为 59 个控制断面及 59 个计算单元（表 4-20、图 4-7）。

表 4-20 太子河流域控制断面与计算单元

河段名称	控制断面	计算单元
本溪段	水库上游首断面	水库上游汇水区
	南孤山河汇入断面	南孤山河汇水区
	南三道河汇入断面	南三道河汇水区
	衫松河汇入断面	衫松河汇水区
	入观音阁水库断面	入观音阁水库上游汇水区
	水库下游首断面	水库下游首断面汇水区
	小汤河汇入断面	小汤河汇水区
	概化排污口 1	概化排污口 1 汇水区

河段名称	控制断面	计算单元
本溪段	五道河汇入断面	五道河汇水区
	概化排污口 2	概化排污口 2 汇水区
	小夹河汇入断面	小夹河汇水区
	概化排污口 3	概化排污口 3 汇水区
	卧龙河汇入断面	卧龙河汇水区
	南沙河汇入断面	南沙河汇水区
	概化排污口 4	概化排污口 4 汇水区
	概化排污口 5	概化排污口 5 汇水区
	催东沟汇入断面	催东沟汇水区
	千金沟汇入断面	千金沟汇水区
	福金沟汇入断面	福金沟汇水区
	郑家河汇入断面	郑家河汇水区
	概化排污口 6	概化排污口 6 汇水区
	入葠窝水库断面	入葠窝水库上游汇水区
	首断面	首断面汇水区
	细河概化排污口 1	概化排污口 1 汇水区
	大石河汇入断面	大石河汇水区
	细河概化排污口 2	概化排污口 2 汇水区
	细河概化排污口 3	概化排污口 3 汇水区
	细河概化排污口 4	概化排污口 4 汇水区
	三道河汇入断面	三道河汇水区
	细河概化排污口 5	概化排污口 5 汇水区
	细河概化排污口 6	概化排污口 6 汇水区
	细河概化排污口 7	概化排污口 7 汇水区
	入葠窝水库断面	入葠窝水库汇水区
鞍山段	南沙河汇入断面	南沙河汇水区
	运粮河汇入断面	运粮河汇水区
	下口子功能区断面	功能区计算单元
	五道河（汇入界面）	五道河汇水区
	海城河（汇入界面）	海城河汇水区
	刘家台（功能区界面）	功能区计算单元
	排污口 1（充分混合断面）	排污口 1 汇水区
	小姐庙（功能区界面）	功能区计算单元

河段名称	控制断面	计算单元
辽阳段	葠窝水库坝下功能区断面	功能区计算单元
	汤河汇入断面	汤河汇水区
	排污口 1 充分混合断面	排污口 1 汇水区
	排污口 2 充分混合断面	排污口 2 汇水区
	排污口 3 充分混合断面	排污口 3 汇水区
	新开河汇入断面	新开河汇水区
	排污口 4 充分混合断面	排污口 4 汇水区
	排污口 5 充分混合断面	排污口 5 汇水区
	排污口 6 充分混合断面	排污口 6 汇水区
	概化口充分混合断面	概化口汇水区
	北沙河汇入断面	北沙河汇水区
	排污口 7 充分混合断面	排污口 7 汇水区
	排污口 8 充分混合断面	排污口 8 汇水区
	排污口 9 充分混合断面	排污口 9 汇水区
	柳壕河汇入断面	柳壕河汇水区
	南沙河汇入断面	南沙河汇水区
	下口子功能区断面	功能区计算单元
	运粮河汇入断面	运粮河汇水区

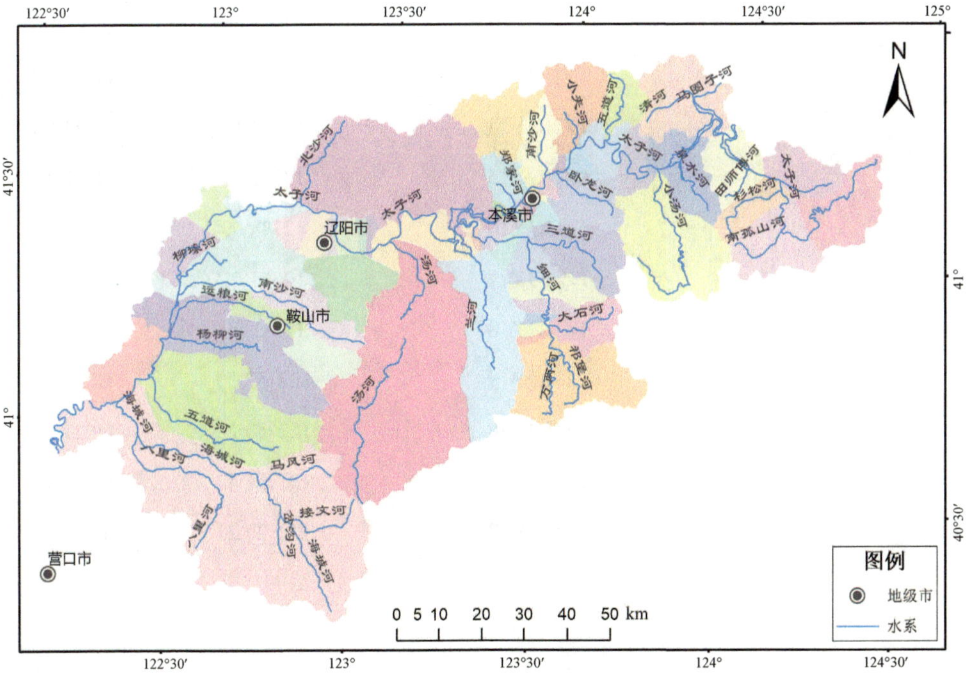

图 4-7　太子河流域计算单元

4.4.2 河流及排污口概化

依据排污口概化原则与方法，根据太子河流域支流汇入、功能区界限、排污口分布及控制断面状况，对太子河流域支流、直接点源排污口进行概化（表 4-21、图 4-8）。

表 4-21 太子河流域主要企业排污口概化

概化排污口	概化企业名称	排污口坐标	
		经度（E）	纬度（N）
排污口 1	TZHQY1	123°16′47″	41°16′03″
排污口 2	TZHWSC2	123°15′02″	41°13′09″
排污口 3	TZHQY3	123°13′17″	41°12′20″
排污口 4	TZHQY4	123°12′09″	41°15′19″
排污口 5	TZHWSC5	123°13′35″	41°18′28″
排污口 6	TZHQY6	123°6′55″	41°17′19″
排污口 7	TZHQY7	123°1′15″	41°13′24″
	TZHQY8	122°59′56″	41°13′25″
	TZHQY9	123°1′33″	41°13′15″
	TZHQY10	123°2′41″	41°15′10″
	TZHQY11	123°0′09″	41°13′19″
	TZHQY12	123°5′09″	41°12′06″
	TZHQY13	123°4′51″	41°12′38″
	TZHQY14	123°4′17″	41°11′10″
	TZHQY15	123°1′27″	41°13′14″
	TZHQY16	123°3′09″	41°13′16″
	TZHQY17	123°4′41″	41°11′21″
	TZHQY18	123°2′00″	41°13′17″
排污口 8	TZHQY19	122°57′20″	41°20′09″
排污口 9	TZHQY20	122°50′23″	41°21′26″
排污口 10	TZHQY21	122°51′42″	41°17′11″
排污口 11	TZHQY22	122°29′21″	41°0′07″

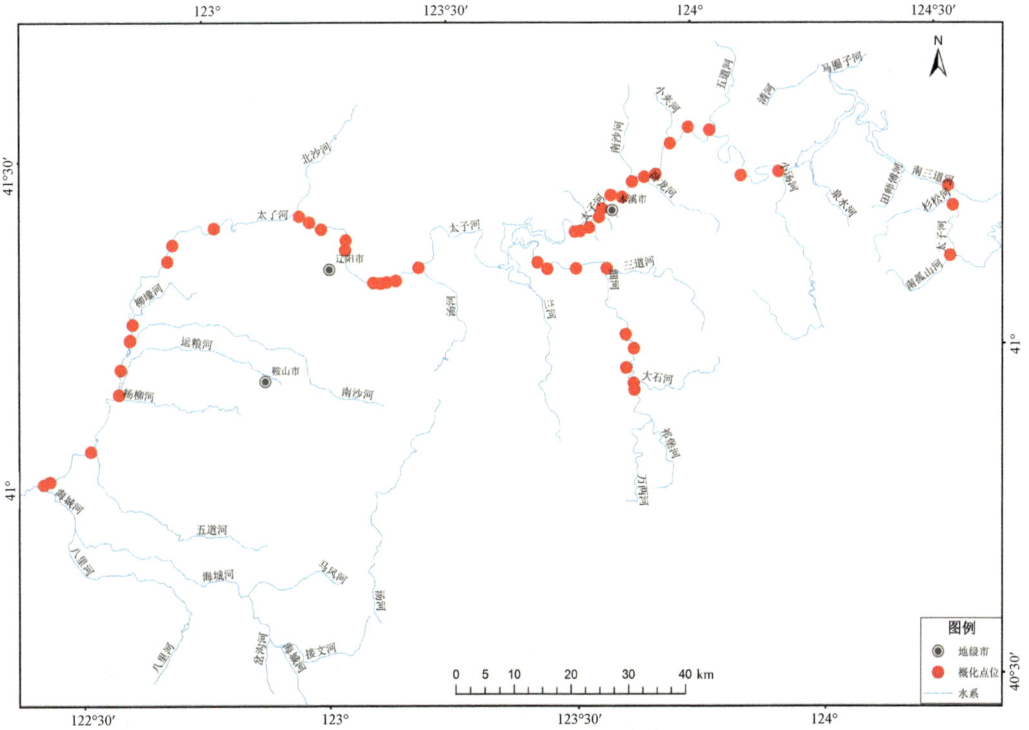

图 4-8　太子河流域支流及排污口概化

4.4.3　水文条件设计

依据太子河流域水文站多年的水文数据，采用河流流量与流速水文设计方法，设计太子河流域支流、干流流量、流速（表 4-22）。

表 4-22　太子河流域 50%保证率下的设计水文条件

所属流域	控制断面	50%保证率下的设计流量/（m^3/s）	50%保证率下的设计流速/（m/s）
观音阁水库上游	水库上游首断面	0.03	0.003
	南孤山河入干前	0.05	0.005
	南三道河入干前	0.07	0.006
	衫松河入干前	0.09	0.007
	入观音阁水库断面	0.09	0.007
观音阁水库下游	水库下游首断面	9.13	0.03
	小汤河入干前	9.57	0.031
	概化排污口 1	9.57	0.031
	五道河入干前	9.62	0.032

所属流域	控制断面	50%保证率下的设计流量/（m^3/s）	50%保证率下的设计流速/（m/s）
观音阁水库下游	概化排污口 2	9.62	0.032
	小夹河入干前	9.72	0.032
	概化排污口 3	9.74	0.032
	卧龙河入干前	9.81	0.032
	南沙河入干前	9.87	0.032
	概化排污口 4	9.87	0.032
	概化排污口 5	9.90	0.032
	催东沟入干前	9.94	0.032
	千金沟入干前	9.96	0.032
	福金沟入干前	10.01	0.033
	郑家河入干前	10.01	0.033
	概化排污口 6	12.53	0.040
	入葠窝水库断面	12.53	0.040
细河	首断面	0.29	0.015
	细河概化排污口 1	0.29	0.015
	大石河入干前	0.41	0.019
	细河概化排污口 2	0.43	0.019
	细河概化排污口 3	0.43	0.019
	细河概化排污口 4	0.59	0.024
	三道河入干前	0.78	0.029
	细河概化排污口 5	0.80	0.030
	细河概化排污口 6	0.85	0.031
	细河概化排污口 7	1.09	0.037
	入葠窝水库断面	1.09	0.037
鞍山段	下口子功能区断面	18.59	0.830
	杨柳河	21.35	0.849
	五道河入干前	22.56	0.857
	海城河入干前	30.21	0.900
	刘家台功能区断面	30.21	0.900
	排污口 1 充分混合断面	30.41	0.901
	小姐庙功能区断面	30.41	0.901

所属流域	控制断面	50%保证率下的设计流量/（m^3/s）	50%保证率下的设计流速/（m/s）
辽阳段	葠窝水库坝下功能区断面	19.36	0.028
	汤河入干前	19.41	0.028
	排污口 1 充分混合断面	19.59	0.028
	排污口 2 充分混合断面	19.70	0.028
	排污口 3 充分混合断面	20.12	0.029
	新开河入干前	20.38	0.029
	排污口 4 充分混合断面	20.38	0.029
	排污口 5 充分混合断面	20.42	0.029
	排污口 6 充分混合断面	22.31	0.031
	概化口（充分混合断面）	22.31	0.031
	北沙河入干前	23.29	0.032
	排污口 7 充分混合断面	23.29	0.120
	排污口 8 充分混合断面	23.29	0.120
	排污口 9 充分混合断面	23.31	0.120
	柳壕河入干前	23.50	0.120
	南沙河入干前	24.18	0.123
	下口子功能区断面	24.18	0.123
	运粮河入干前	24.93	0.125

4.4.4 模型参数确定

（1）动力学参数

根据辽河流域盘锦段水动力学参数确定方法，确定太子河流域水文大断面水动力学参数（表 4-23）。

表 4-23　太子河流域水文大断面水动力学参数

实测大断面	流速—流量关系（$U=aQ^b$）		河宽—流量关系（$B=aQ^b$）		平均水深—流量关系（$H=aQ^b$）	
	系数 a	系数 b	系数 a	系数 b	系数 a	系数 b
桥头（二）	0.034 7	0.682 1	61.002 1	0.126	0.472 9	0.191 9
南甸（峪）	0.034 7	0.678 9	73.351 2	0.064 6	0.392 9	0.256 6
本溪（五）	0.004 5	0.858 2	150.140 9	0.013 1	1.475 6	0.128 6

实测大断面	流速—流量关系（$U=aQ^b$）		河宽—流量关系（$B=aQ^b$）		平均水深—流量关系（$H=aQ^b$）	
	系数 a	系数 b	系数 a	系数 b	系数 a	系数 b
唐马寨（三）	3.536 7	−0.113 9	2.771 4	0.536 7	0.102	0.325 3
辽阳（三）站	0.002 2	0.854 2	328.954 4	0.025 5	1.368 1	0.120 3
小林子（二）站	0.013 3	0.697 7	71.070 3	0.083 6	1.056	0.218 7

（2）降解系数确定

由于研究时间所限，根据辽河流域“十五”相关科研成果和“十一五”水专项已经取得的科研成果，根据经验值法确定污染物降解系数，太子河流域污染物综合降解系数 K_{COD} 取值 0.1 d^{-1}、$K_{NH_3\text{-}N}$ 取值 0.05 d^{-1}。

4.4.5 水环境容量总量计算

根据辽河流域盘锦段水环境容量计算方法，考虑太子河流域排污口分布状况、污染物处理技术、污染负荷排放现状等，计算太子河流域 50%保证率的 COD、NH_3-N 水环境容量（表 4-24）。

表 4-24 太子河流域 50%保证率下的水环境容量计算结果 单位：t/a

河段	所属流域	计算单元	COD	NH_3-N
本溪段	南孤山河	南孤山河汇水区	22.97	0.77
	南三道河	南三道河汇水区	32.19	0.98
	衫松河	衫松河汇水区	28.97	0.72
	小汤河	小汤河汇水区	624.31	10.81
	干流	概化排污口 1 汇水区	3 536.98	25.23
	五道河	五道河汇水区	3 206.30	10.27
	干流	概化排污口 2 汇水区	173.00	0
	小夹河	小夹河汇水区	817.51	22.16
	干流	概化排污口 3 汇水区	2 787.40	76.67
	卧龙河	卧龙河汇水区	2 178.51	176.6
	南沙河	南沙河汇水区	1 872.62	147.66
	干流	概化排污口 4 汇水区	961.85	0
	干流	概化排污口 5 汇水区	1 048.44	27.63
	催金沟	催东沟汇水区	948.31	14.49
	千金沟	千金沟汇水区	409.64	10.86
	福金沟	福金沟汇水区	1 145.01	30.54

河段	所属流域	计算单元	COD	NH_3-N
本溪段	郑家河	郑家河汇水区	586.90	3.20
	干流	概化排污口 6 汇水区	2 992.16	163.76
	干流	概化排污口 1 汇水区	6.20	0.11
	大石河	大石河汇水区	157.08	3.75
	干流	概化排污口 2 汇水区	11.21	0.29
	干流	概化排污口 3 汇水区	6.20	0
	干流	概化排污口 4 汇水区	146.81	19.76
		三道河汇水区	614.83	13.49
	干流	概化排污口 5 汇水区	45.33	1.76
	干流	概化排污口 6 汇水区	103.66	4.09
	干流	概化排污口 7 汇水区	494.39	23.11
鞍山段	南沙河	南沙河汇水区	633.72	30.67
	运粮河	运粮河汇水区	1 622.20	79.66
	杨柳河	杨柳河汇水区	2 995.92	157.68
	五道河	五道河汇水区	2 522.88	88.63
	海城河	海城河汇水区	10 044.37	492.24
	太子河干流	排污口 1 汇水区	377.17	33.06
辽阳段	汤河	汤河汇水区	189.22	6.31
	太子河干流	排污口 1 汇水区	211.29	0.95
		排污口 2 汇水区	214.24	15.77
		排污口 3 汇水区	1 072.22	12.61
	新开河	新开河汇水区	157.68	8.20
	太子河干流	排污口 4 汇水区	15.77	1.89
		排污口 5 汇水区	252.29	9.46
		排污口 6 汇水区	2 018.30	31.54
		概化口汇水区	157.68	31.54
	北沙河	北沙河汇水区	1 040.69	47.30
	太子河干流	排污口 7 汇水区	63.07	31.54
		排污口 8 汇水区	91.45	34.69
		排污口 9 汇水区	252.29	34.69
	柳壕河	柳壕河汇水区	1 135.30	8.20
	南沙河	南沙河汇水区	1 702.94	59.92
	运粮河	运粮河汇水区	2 459.81	59.92

4.5 清河流域水环境容量总量计算

4.5.1 控制断面与计算单元划分

根据清河流域水生态功能区边界、例行控制断面、支流汇入处、排污口分布状况等确定控制断面（图 4-9、表 4-25）。

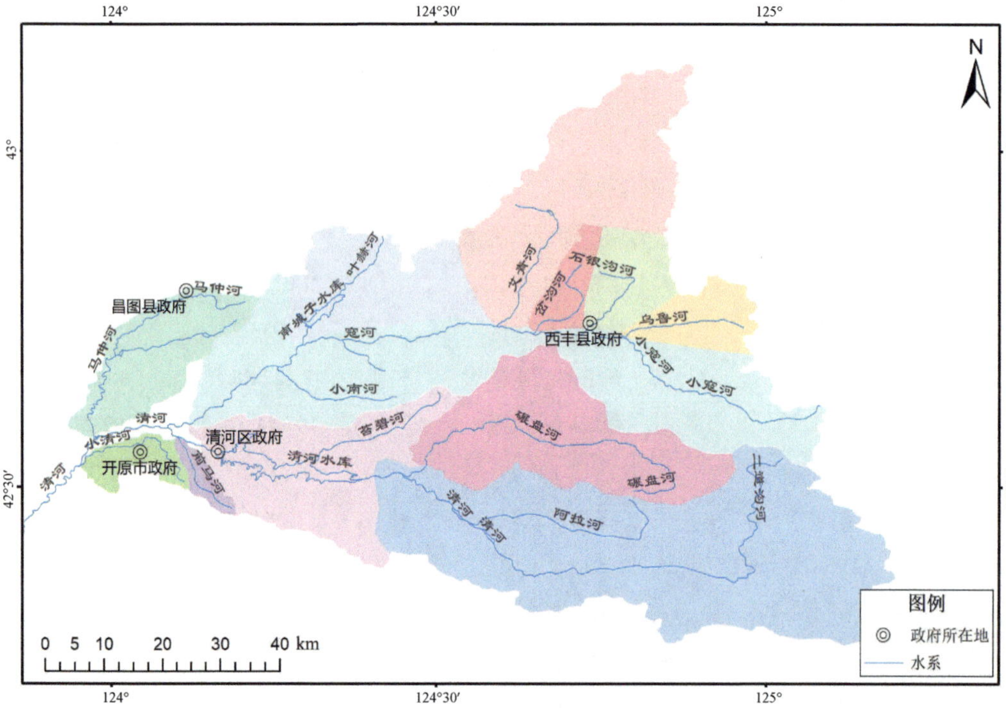

图 4-9 清河流域计算单元

表 4-25 清河流域控制断面与计算单元 单位：km

断面名称	与首断面间距	计算单元	断面名称	与首断面间距	计算单元
清河入境	0	清河源头汇入计算单元	寇河源头	0	源头汇入单元
碾盘河支流汇入断面	41.345	碾盘河支流汇水区	小寇河汇入断面	3.244	小寇河汇水区
清河水库入口	47.905	清河水库入口汇入单元	乌鲁河汇入断面	11.444	乌鲁河汇水区
清河水库出口	0	清河水库出境单元	石银沟河汇入断面	17.885	石银沟河汇水区
清河企业排污口汇入断面	0.653	企业排污口汇水区	岔沟河汇入断面	23.776	岔沟河汇水区

断面名称	与首断面间距	计算单元	断面名称	与首断面间距	计算单元
前马河汇入断面	7.902	前马河汇水区	艾青河汇入断面	30.488	艾青河汇水区
寇河汇入断面	10.250	寇河汇水区	郜家店工业园区汇入断面	51.632	工业园排污口汇水区
马仲河汇入断面	22.626	马仲河汇水区	叶赫河汇入断面	57.255	叶赫河汇水区
小清河汇入断面	27.504	小清河汇水区	寇河入清河	83.072	入境单元
清河入辽河	44.264	出境单元			

4.5.2　河流及排污口概化

根据排污口概化原则和概化方法，清河流域排污口概化结果见图 4-10、表 4-26。

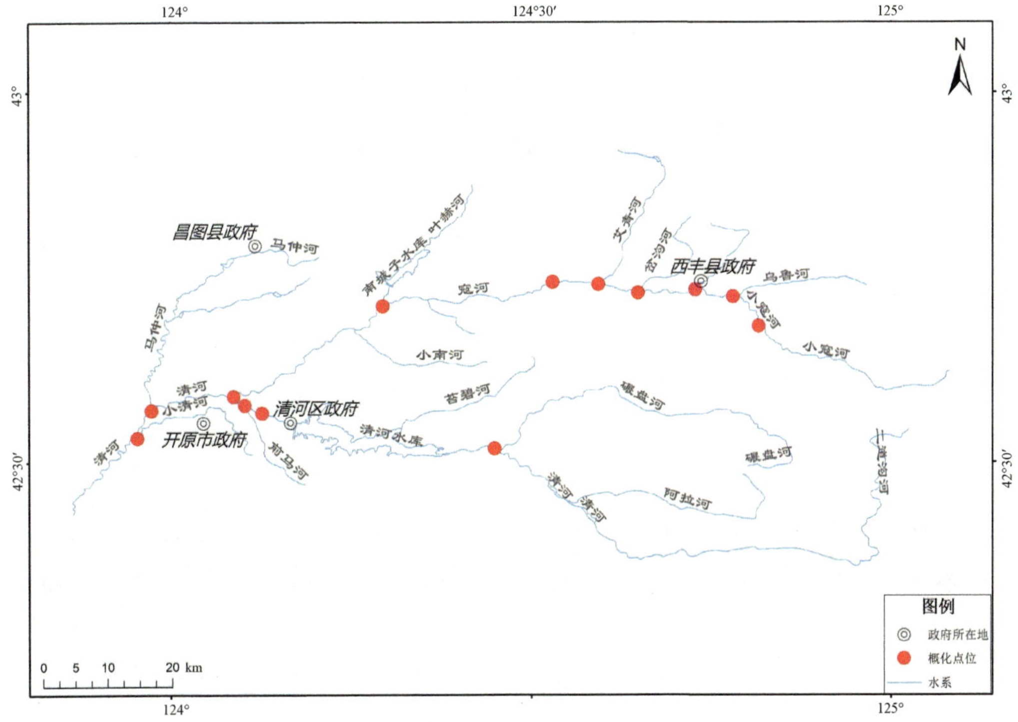

图 4-10　清河流域排污口概化点

表 4-26　清河流域概化排污口

所在流域	概化排污口	所在流域	概化排污口
清河	碾盘河支流	寇河	小寇河支流
	清河企业排污口		乌鲁河支流
	前马河支流		石银沟河支流

所在流域	概化排污口	所在流域	概化排污口
清河	寇河支流	寇河	岔沟河支流
	马仲河支流		艾青河支流
	小清河支流		郜家店工业园排污口
	叶赫河支流		叶赫河支流

4.5.3 水文条件设计

应用 1999—2013 年辽河流域松树、开原、八棵树、耿王庄水文站的逐日平均流量水文资料，采用流量设计方法，确定清河干流及主要支流在 25%、50%、75%不同保证率条件下的流量与流速（表 4-27）。

表 4-27 清河流域不同保证率下的设计水文条件

控制断面名称	不同保证率下的设计流量/（m^3/s）			不同保证率下的设计流速/（m/s）		
	25%	50%	75%	25%	50%	75%
清河入境	1.94	0.36	0.18	0.29	0.11	0.07
碾盘河汇入断面	2.29	0.59	0.29	0.32	0.15	0.10
清河水库入口	2.29	0.59	0.29	0.32	0.15	0.10
清河水库出口	1.36	0.9	0.8	0.23	0.18	0.17
清河企业排污口汇入断面	1.37	0.9	0.8	0.23	0.19	0.17
前马河汇入断面	1.6	1.09	0.87	0.26	0.21	0.18
寇河汇入断面	4.22	2.79	1.72	0.46	0.35	0.27
马仲河汇入断面	4.99	3.22	1.9	0.49	0.38	0.28
小清河汇入断面	4.45	3.69	2.09	0.53	0.41	0.30
清河入辽河	4.45	3.69	2.09	0.53	0.41	0.30
寇河源头	0.17	0.1	0	0.27	0.24	0.11
小寇河汇入断面	0.63	0.41	0.19	0.34	0.31	0.27
乌鲁河汇入断面	1.17	0.76	0.35	0.38	0.35	0.30
石银沟河汇入断面	1.53	1.03	0.54	0.39	0.37	0.33
岔沟河汇入断面	1.77	1.19	0.61	0.40	0.38	0.33
艾青河汇入断面	2.43	1.62	0.81	0.43	0.40	0.35
郜家店工业园区汇入断面	2.43	1.62	0.81	0.43	0.40	0.35
叶赫河控制断面	2.82	1.69	0.85	0.44	0.40	0.35
寇河入清河	2.82	1.69	0.85	0.44	0.40	0.35

4.5.4　模型参数确定

（1）动力学参数

根据辽河流域盘锦段水动力学参数确定方法，分析清河流域水文站河流断面的水动力学参数（表 4-28）。

表 4-28　清河流域水动力学参数分析结果

实测大断面流速一流量关系（$U=aQ^b$）	系数 a	系数 b
八棵树	0.196 405	0.571 711

（2）降解系数确定

根据清河流域河流自然条件、桥梁、污染源分布状况，采用两点法计算清河流域污染物降解系数。在清河流域选取连续 3 个监测点位，分别在 4 月和 6 月各采集水样一次，测定 COD 和 NH_3-N 的浓度，采用两点法计算出 COD 和 NH_3-N 的综合降解系数（表 4-29、表 4-30）。根据实测枯水期降解系数，利用水体温度和污染物综合降解系数关系（θ_{COD}=1.047，$\theta_{NH_3\text{-}N}$=1.062 48），求得 COD 和 NH_3-N 在丰水期的降解系数分别为 0.154 d^{-1}、0.076 d^{-1}。

表 4-29　两点法降解系数

监测点位	经度（E）	纬度（N）	与上断面间的距离/m
点位 1	124°7′10″	42°10′54″	0
点位 2	124°7′03″	42°11′01″	255
点位 3	124°6′09″	42°11′23″	1 500

表 4-30　清河流域综合降解系数

水期	枯水期	平水期	丰水期
COD 降解系数/d^{-1}	0.060	0.092	0.154
NH_3-N 降解系数/d^{-1}	0.022	0.043	0.076

4.5.5　水环境容量总量计算

依据清河流域水生态功能分区水质目标要求，采用一维水质模型与线性规划模型；根据污染物入河量与水质响应关系和污染物降解系数，考虑清河流域排污口分布状况、污染物处理技术、污染负荷排放现状等，计算清河流域近、中、远三期不同保证率下的 COD、

NH_3-N 水环境容量，为清河流域控制单元排污许可分配奠定基础（表 4-31～表 4-33）。

表 4-31　清河流域近期目标水环境容量　　单位：t/a

断面编号	控制断面名称	水环境容量					
		25%保证率		50%保证率		75%保证率	
		COD	NH_3-N	COD	NH_3-N	COD	NH_3-N
1	清河企业排污口汇入断面	8.53	0.21	4.74	0.10	2.66	0.05
2	前马河汇入断面	114.35	3.04	69.15	1.69	37.25	0.87
3	寇河汇入断面	1 068.89	47.66	727.70	33.23	223.53	9.75
4	马仲河汇入断面	1 714.99	173.87	1 265.25	106.20	1 016.4	54.93
5	小清河汇入断面	934.92	43.95	662.32	31.44	275.35	12.87
6	碾盘河汇入断面	327.2	8.60	133.82	3.25	59.03	1.22
7	小寇河汇入断面	12.73	0.32	6.06	0.13	3.63	0.07
8	乌鲁河汇入断面	203.91	40.25	161.58	27.14	20.22	16.32
9	石银沟河汇入断面	456.03	22.17	319.99	14.45	153.45	9.11
10	岔沟河汇入断面	71.98	13.39	54.22	8.69	1.41	3.51
11	艾青河汇入断面	161.55	30.69	69.80	19.76	8.73	9.41
12	郜家店工业园区汇入断面	61.76	7.77	88.91	3.78	39.40	0.75
13	叶赫河汇入断面	100.94	18.54	26.94	3.80	11.04	1.87

表 4-32　清河流域中期目标水环境容量　　单位：t/a

断面编号	控制断面名称	水环境容量					
		25%保证率		50%保证率		75%保证率	
		COD	NH_3-N	COD	NH_3-N	COD	NH_3-N
1	清河企业排污口汇入断面	6.40	0.16	3.56	0.08	1.99	0.04
2	前马河汇入断面	86.67	2.28	51.86	1.27	27.94	0.65
3	寇河汇入断面	801.66	35.75	545.78	24.93	167.65	7.32
4	马仲河汇入断面	1 286.23	130.42	948.95	79.67	762.31	41.24
5	小清河汇入断面	701.19	32.96	496.74	23.58	206.51	9.65
6	碾盘河汇入断面	177.77	0	133.82	0.15	59.03	0
7	小寇河汇入断面	12.73	0.32	6.06	0.13	3.63	0.07
8	乌鲁河汇入断面	203.91	40.25	161.58	27.14	20.22	16.32
9	石银沟河汇入断面	456.03	22.17	319.99	14.45	153.45	9.11

断面编号	控制断面名称	水环境容量					
		25%保证率		50%保证率		75%保证率	
		COD	NH_3-N	COD	NH_3-N	COD	NH_3-N
10	岔沟河汇入断面	71.98	13.39	54.22	8.69	1.41	3.51
11	艾青河汇入断面	161.55	30.69	69.80	19.76	8.73	9.41
12	郜家店工业园区汇入断面	61.76	7.77	88.91	3.78	39.40	0.75
13	叶赫河汇入断面	100.94	18.54	26.94	3.80	11.04	1.87

表 4-33　清河流域远期目标水环境容量　单位：t/a

断面编号	控制断面名称	水环境容量					
		25%保证率		50%保证率		75%保证率	
		COD	NH_3-N	COD	NH_3-N	COD	NH_3-N
1	清河企业排污口汇入断面	6.40	0.16	3.56	0.08	1.99	0.04
2	前马河汇入断面	86.67	2.28	51.86	1.27	27.94	0.65
3	寇河汇入断面	801.66	35.75	545.78	24.93	167.65	7.32
4	马仲河汇入断面	1 286.23	130.42	948.95	79.67	762.31	41.24
5	小清河汇入断面	701.19	32.96	496.74	23.58	206.51	9.65
6	碾盘河汇入断面	177.77	4.73	72.71	1.76	32.07	0.66
7	小寇河汇入断面	8.49	0.21	4.04	0.09	0.95	0.04
8	乌鲁河汇入断面	135.99	20.42	107.72	9.39	5.29	4.66
9	石银沟河汇入断面	304.02	14.78	213.33	10.43	48.29	6.08
10	岔沟河汇入断面	47.99	6.35	36.28	3.12	0.44	1.24
11	艾青河汇入断面	107.70	7.27	46.53	4.25	2.75	1.66
12	郜家店工业园区汇入断面	41.17	5.17	59.27	4.12	12.40	1.25
13	叶赫河汇入断面	100.94	18.54	26.94	3.80	11.04	1.87

4.6　凡河流域水环境容量总量计算

4.6.1　控制断面与计算单元划分

凡河流域研究区范围包括 4 个水生态功能区，设定榛子岭水库出口、老边台村、张楼子村南、凡河工业园、新屯立交桥、凡河入辽河为控制断面及计算单元界面（表 4-34、图 4-11）。

表 4-34 凡河流域控制断面与计算单元划分 单位：km

断面名称	与首断面间距	计算单元
榛子岭水库出口	0.000	榛子岭水库出口入境计算单元
老边台村	12.388	功能区计算单元
张楼子村南	38.606	功能区计算单元
凡河工业园	56.000	排污口汇水区计算单元
新屯立交桥	57.924	功能区计算单元
凡河入辽河	78.920	功能区计算单元

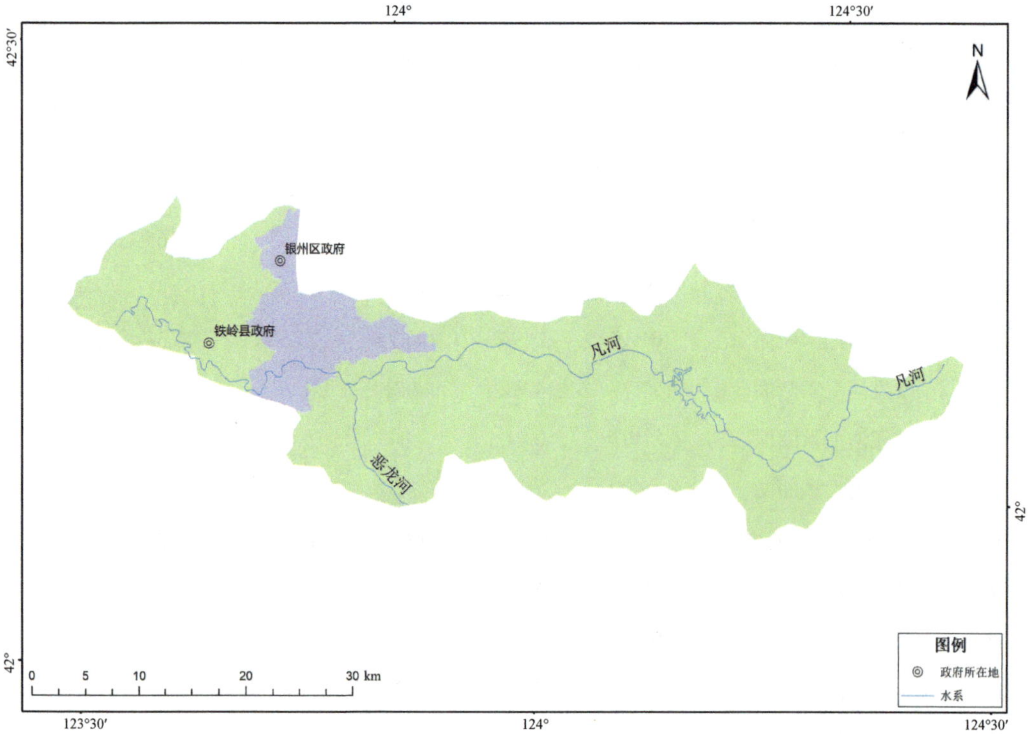

图 4-11 凡河流域计算单元划分

4.6.2 河流及排污口概化

根据排污口概化原则和概化方法，将凡河流域排污口进行概化（表 4-35、图 4-12）。

表 4-35　凡河流域概化排污口

河流名称	概化排污口
凡河	老边台村
	张楼子村南
	凡河工业园
	新屯立交桥

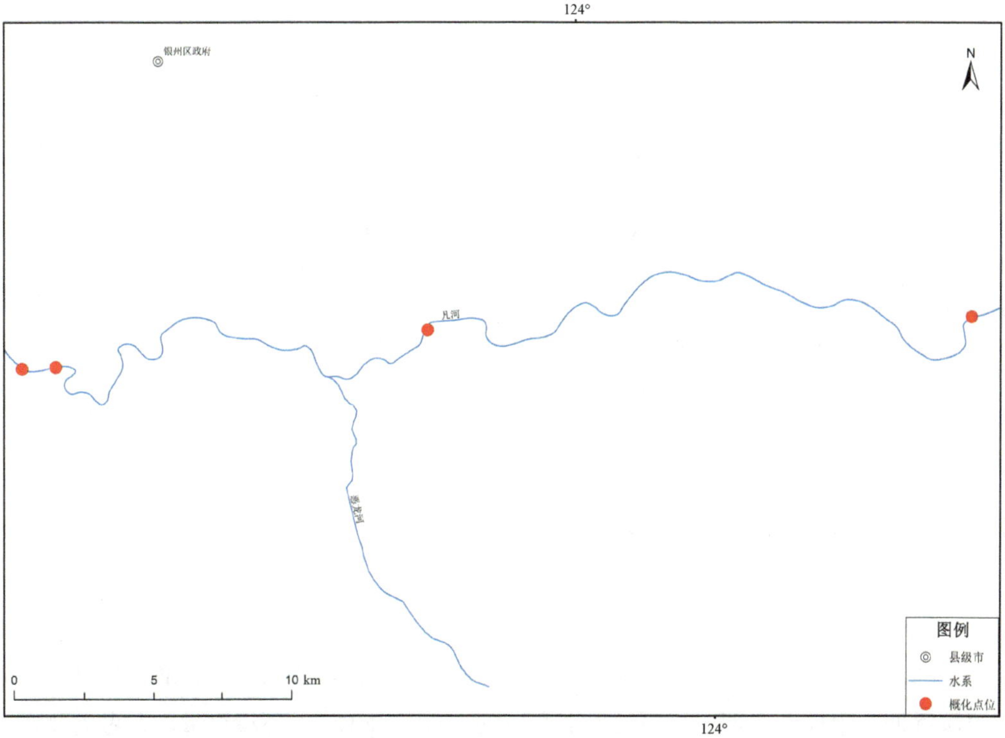

图 4-12　凡河流域排污口概化

4.6.3　水文条件设计

根据 1999—2013 年水文年鉴水文站的逐日平均流量表中的水文资料，以及水文条件设定技术，确定其干流及其主要支流在 25%、50%、75%不同保证率条件下的流量与流速（表 4-36）。

4.6.4　模型参数确定

（1）水动力学参数

根据辽河流域盘锦段水动力学参数确定方法，分析凡河流域水文站河流断面的水动力学参数（表 4-37）。

表 4-36 凡河流域不同保证率下的设计水文条件

控制断面名称	不同保证率下的设计流量/（m^3/s）			不同保证率下的设计流速/（m/s）		
	25%	50%	75%	25%	50%	75%
榛子岭水库出口	2.25	1.49	0.74	0.17	0.15	0.11
老边台村	2.25	1.49	0.74	0.17	0.15	0.11
张楼子村南	2.25	1.49	0.74	0.17	0.15	0.11
凡河工业园	2.26	1.50	0.75	0.17	0.15	0.11
新屯立交桥	2.26	1.50	0.75	0.17	0.157	0.11
凡河入辽河	2.26	1.50	0.75	0.17	0.157	0.11

表 4-37 凡河流域水动力学参数

实测断面名称	流速—流量关系（$U=aQ^b$）		河宽—流量关系（$B=aQ^b$）		平均水深—流量关系（$H=aQ^b$）	
	系数 a	系数 b	系数 a	系数 b	系数 a	系数 b
官粮窑	0.124	0.422	72.029	0.146	0.112	0.432

（2）降解系数确定

降解系数参照清河流域降解系数。

4.6.5 水环境容量总量计算

根据凡河流域水生态功能分区水质目标要求，在浓度约束条件下，通过规划求得凡河流域近期、中期、远期三期不同保证率下的 COD、NH_3-N 环境容量，在考虑排污口分布状况、污水处理技术、水质达标区域等基础上，对水环境容量进行分配（表 4-38、表 4-39）。

表 4-38 凡河流域近期目标水环境容量分配 单位：t/a

断面名称	水环境容量					
	25%保证率		50%保证率		75%保证率	
	COD	NH_3-N	COD	NH_3-N	COD	NH_3-N
老边台村	168.97	4.30	89.38	1.98	34.28	0.67
张楼子村南	334.00	8.80	179.19	4.10	71.94	1.39
凡河工业园	233.24	6.02	124.57	2.80	50.30	0.96
新屯立交桥	742.75	36.48	490.18	24.14	245.15	12.11

表 4-39 凡河流域中远期目标的水环境容量分配 单位：t/a

断面名称	水环境容量					
	25%保证率		50%保证率		75%保证率	
	COD	NH_3-N	COD	NH_3-N	COD	NH_3-N
老边台村	126.73	2.15	26.61	2.15	26.61	0.33
张楼子村南	334.00	8.80	179.19	4.10	71.94	1.39
凡河工业园	233.83	6.02	124.57	2.80	50.30	0.96
新屯立交桥	742.17	36.40	489.53	36.40	244.22	12.02

4.7 蒲河流域水环境容量总量计算

4.7.1 控制断面与计算单元

根据计算单元划分原则，划分蒲河流域水环境容量计算单元（表 4-40）。

表 4-40 蒲河流域计算单元划分

计算单元名称	汇入企业排污口及支流	所属行政区	
		经度（E）	纬度（N）
兴国桥入境	PHQY1	123°37′44″	41°56′09″
排污口 1	PHWSC2	123°34′24″	41°57′47″
排污口 2	PHWSC3	123°27′35″	41°56′54″
黄泥河	PHZL4	123°34′30″	41°57′18″
概化排污口 1	PHWSC5	123°34′37″	41°57′44″
	PHWSC6	123°34′37″	41°57′44″
概化排污口 2	PHQY7	123°22′53″	41°56′14″
南小河	PHZL8	123°16′41″	41°52′37″
排污口 3	PHWSC9	123°14′57″	41°54′02″
九龙河	PHZL10	123°11′36″	41°55′29″
北运河	PHZL11	123°16′00″	41°59′40″
排污口 4	PHQY10	123°7′11″	41°52′57″
小浑河	PHZL12	123°4′21″	41°49′27″
排污口 5	PHQY13	122°54′56″	41°46′37″

4.7.2 河流及排污口概化

蒲河流域主要有黄泥河、北运河、南小河、九龙河、小浑河 5 条二级支流。根据蒲河流域支流、排污口分布状况，对蒲河流域干流团结水库以上支流及直排污染源排污口进行概化，结果见图 4-13、表 4-41、表 4-42。

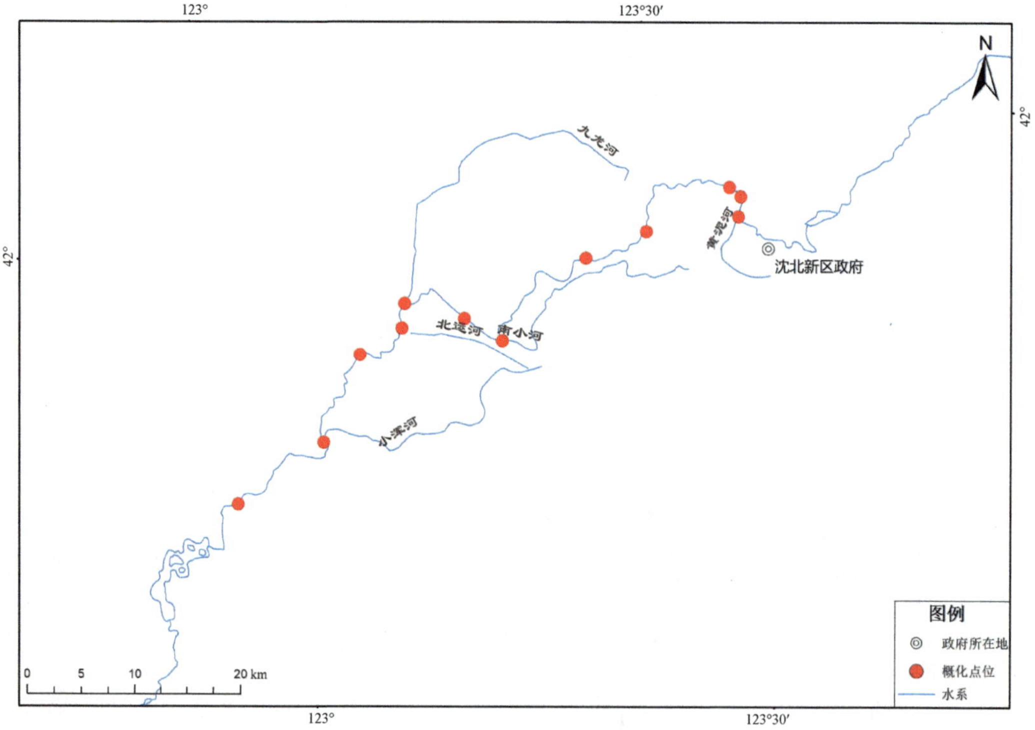

图 4-13 蒲河流域概化排污口

表 4-41 蒲河流域二级支流概化点

概化支流名称	概化点经纬度	
	经度（E）	纬度（N）
黄泥河	123°34′30″	41°57′18″
北运河	123°11′08″	41°55′08″
南小河	123°16′41″	41°52′37″
九龙河	123°11′36″	41°55′29″
小浑河	123°4′21″	41°49′27″

表 4-42　蒲河流域直排企业概化排污口

概化排污口	概化企业名称	排污口坐标	
		经度（E）	纬度（N）
排污口 1	PHWSC1	123°34′24″	41°57′47″
排污口 2	PHWSC2	123°27′35″	41°56′54″
概化口 1	PHWSC3	123°34′37″	41°57′44″
	PHWSC4		
概化口 2	PHQY5	0°0′00″	0°0′00″
排污口 3	PHWSC6	123°22′53″	41°56′14″
排污口 4	PHQY7	123°14′57″	41°54′02″
排污口 5	PHQY8	123°7′11″	41°52′57″

4.7.3　水文条件设计

利用 2003—2013 年水文数据，采用 25%、50%、75%保证率条件，根据水文条件设定技术，设计蒲河流域干流及主要支流流量、流速（表 4-43）。

表 4-43　蒲河流域不同保证率下的干流及支流设计水文条件

干流及支流名称	不同保证率下的设计流量/（m^3/s）			不同保证率下的设计流速/（m/s）		
	25%	50%	75%	25%	50%	75%
兴国桥	3.22	1.2	0.32	0.07	0.05	0.04
黄泥河	0.14	0.11	0.06	0.07	0.06	0.04
郭大桥	2.79	2.19	1.2	0.08	0.06	0.05
南小河	0.64	0.57	0.22	0.08	0.07	0.06
九龙河	0.56	0.49	0.19	0.09	0.07	0.06
北运河	2.04	1.02	0.31	0.08	0.06	0.05
小浑河	0.25	0.16	0.15	0.09	0.07	0.06
团结水库入口	4.93	3.22	3.18	0.09	0.07	0.06

4.7.4　模型参数确定

根据蒲河自然特征、污染源和排污口分布特征，在蒲河干流选取 2 个点位，测定监测断面 COD 和 NH_3-N 的浓度，采用两点法计算 COD 和 NH_3-N 的综合降解系数（表 4-44）。

表 4-44　两点法降解系数

监测点位	断面名称	经度（E）	纬度（N）	与上断面间距/m
点位 1	兴国桥	123°37′45″	41°55′42″	0
点位 2	达连桥	123°36′16″	41°56′07″	2 200
降解系数/d^{-1}		COD	平水期	0.130
		NH_3-N	平水期	0.065

4.7.5　水环境容量总量计算

按照水生态功能区划，分别计算 25%、50%、75%不同保证率下的 COD、NH_3-N 环境容量，蒲河流域近期、中期、远期三期水环境容量（表 4-45～表 4-47）。

表 4-45　蒲河流域近期目标水环境容量　　单位：t/a

断面名称	水环境容量					
	25%保证率		50%保证率		75%保证率	
	COD	NH_3-N	COD	NH_3-N	COD	NH_3-N
排污口 1 计算单元	114.83	9.87	39.43	3.36	16.56	1.44
排污口 2 计算单元	320.54	4.12	205.92	2.06	190.86	1.49
黄泥河计算单元	568.71	52.78	425.22	36.42	359.58	35.66
概化口 1 计算单元	1 725.35	56.17	1 085.20	36.17	531.36	21.55
概化口 2 计算单元	1 085.20	38.79	1 043.43	26.38	687.81	22.23
北运河计算单元	2 274.49	62.56	991.10	22.40	449.29	10.41
南小河计算单元	944.56	65.88	823.00	57.40	348.27	20.72
排污口 3 计算单元	39.26	4.00	27.20	3.73	14.50	1.67
九龙河计算单元	1 001.94	52.06	691.00	35.00	343.99	17.11
排污口 4 计算单元	1.29	0.18	0.87	0.14	0.47	0.07
小浑河计算单元	1 268.28	57.86	793.90	34.20	495.60	23.07
排污口 5 计算单元	115.02	18.51	79.86	14.60	45.45	8.43
总计	9 459.47	422.78	6 206.13	271.86	3 483.74	163.85

表 4-46 蒲河流域中期目标水环境容量 单位：t/a

断面名称	水环境容量					
	25%保证率		50%保证率		75%保证率	
	COD	NH_3-N	COD	NH_3-N	COD	NH_3-N
排污口 1 计算单元	76.55	7.13	26.29	2.24	11.04	0.96
排污口 2 计算单元	213.69	2.75	137.28	1.37	127.25	0.59
黄泥河计算单元	461.03	42.76	296.18	25.36	239.71	23.77
概化口 1 计算单元	1 150.24	78.21	282.15	15.35	179.67	15.89
概化口 2 计算单元	723.47	25.86	695.62	16.92	458.54	14.82
北运河计算单元	1 516.32	42.14	660.73	14.93	299.53	6.94
南小河计算单元	629.70	43.91	548.67	38.27	232.17	13.81
排污口 3 计算单元	26.17	2.67	18.13	2.49	9.67	1.11
九龙河计算单元	667.97	34.70	460.66	23.33	229.33	11.41
排污口 4 计算单元	0.86	0.12	0.58	0.09	0.32	0.05
小浑河计算单元	845.52	38.56	529.26	22.79	330.41	15.38
排污口 5 计算单元	79.85	12.34	53.24	9.73	30.35	5.62
总计	6 391.37	308.40	3 708.79	172.87	2 147.99	112.81

表 4-47 蒲河流域远期目标水环境容量 单位：t/a

断面名称	水环境容量					
	25%保证率		50%保证率		75%保证率	
	COD	NH_3-N	COD	NH_3-N	COD	NH_3-N
排污口 1 计算单元	57.41	3.57	39.43	3.36	8.28	0.48
排污口 2 计算单元	160.27	1.37	205.92	2.06	95.43	0.29
黄泥河计算单元	345.79	21.42	425.22	36.42	179.79	11.89
概化口 1 计算单元	862.67	39.09	3.39	0.54	172.08	9.82
概化口 2 计算单元	695.62	12.93	444.27	41.23	1.07	0.12
北运河计算单元	1 505.89	74.08	991.10	14.93	431.48	6.16
南小河计算单元	635.02	36.78	823.00	38.27	231.05	13.45
排污口 3 计算单元	25.39	2.42	27.20	2.49	9.56	1.02
九龙河计算单元	664.02	34.14	691.00	23.33	229.97	11.20
排污口 4 计算单元	0.85	0.12	0.87	0.09	0.32	0.05
小浑河计算单元	838.21	37.25	524.68	18.64	327.55	15.12
排污口 5 计算单元	77.81	21.59	50.12	9.15	20.34	3.71
总计	5 878.80	260.76	3 381.80	132.91	1 575.56	74.75

参考文献

[1] 冯民权. 水环境模拟与预测[M]. 北京：科学出版社，2009.

[2] 谢永明. 环境水质模型概论[M]. 北京：中国科学技术出版社，1996.

[3] 傅国伟，程声通. 水污染控制系统规划[M]. 北京：清华大学出版社，1985.

[4] 田炜，王平，谢湉，等. 地表水质模型应用研究现状与趋势[J]. 现代农业科技，2008（3）：192-195.

[5] 唐献力，郭宗楼. 水环境容量价值及其影响因素研究[J]. 农机化研究，2006（10）.

[6] 栗苏文，李红艳，夏建新，等. 基于 Delft 3D 模型的大鹏湾水环境容量分析[J]. 环境科学研究，2005，18（5）：91-95.

[7] 王治祯，傅海江，柏景方，等. 环境应用数学[M]. 哈尔滨：哈尔滨工业大学出版社，2008：279.

[8] 李如忠，范传勇. 基于盲数理论的河流水环境容量计算[J]. 哈尔滨工业大学学报，2009，41（10）：233-235.

[9] 李如忠，高苏蒂. 基于三角模糊技术的河流水环境容量研究[J]. 环境工程，2007，25（2）：74-77.

[10] 鲁海燕. SMS 模型在杭州湾潮流模拟中的应用[J]. 浙江水利科技，2003（3）：4-6.

[11] 李睿. 天津市水污染物总量分配方法研究[D]. 天津：天津大学，2007.

[12] 杨克敏. 区域污染物总量预测与控制方案研究[D]. 杭州：浙江大学，2008.

[13] 冯金鹏，吴洪寿，赵帆. 水环境污染总量控制回顾、现状及发展探讨[J]. 南水北调与水利科技，2004，2（1）：44-47.

[14] 孟伟. 流域水污染物总量控制技术与示范[M]. 北京：中国环境科学出版社，2008：18-19.

[15] Streeter H W，Phelps E B，Streeter H W，et al. A study of the pollution and natural purification of the Ohio River[J]. Arch Biochem，1925，18（1）：69-83.

[16] O′Connor-D-J. The temporal and spatial distribution of dissolved oxygen in streams[J]. Water Research，1967，3（1）：65-79.

[17] R. Camps-T. Water and its impurities. Reingold[J]. The American Biology Teacher，1964，26（1）：63.

[18] Dobbins W E. BOD and oxygen relationship in streams[J]. J Sanitary Eng，1964，90.

[19] MacKay，E. M. Renal damage following the ingestion of a diet containing an excess of inorganic phosphate[J]. Journal of Experimental Medicine，1935，61（3）：319-334.

[20] LI Yingxia，QIU Ruzhi，YANG Zhifeng，et al. Parameter determination to calculate water environmental capacity in Zhangweinan Canal Sub-basin in China[J]. Journal of Environmental Sciences，2010，22（6）：904-907.

[21] DENG Yixiang，ZHENG Binghui，FU Guo，et，al. Study on the total water pollutant load allocation in the Changjiang（Yangtze River）Estuary and adjacent seawater area[J]. Estuarine，Coastal and Shelf

Science，2010，86：331-336.

[22] Ambrose R B，Wool T A，Martin J L. The Water quality analysis simulation progress WASP5[M]. US EPA center for Exposure Assessment Modeling，Athens，1993：8-14.

[23] Hamrick J.M. Users'manual for the environmental fluid dynamics computer code[M] . Spec. Rep. In.Appl.Marine Sci.and Oc.Engrg，Virginia Inst.of Marine Science，Va.1996.

[24] Danish Hydraulic Institute. MIKE3 Esturarine and Coastal Hydraulics and Oceanography User Guide[Z]. DHI，2000.

[25] Thomas M C，Scott A WCE-QUAL-W2：A two dimensional，laterally averaged，hydrodynamic and water quality model，Version3.2[C]. User Manual.U.S，Army Engineer Waterways Experiment Station，Vicksburg，MS，2004：22-50.

[26] Duarte S.A.，Neto I.，Alegrias M.，et al. "Appropriate technology" for pollution control in corrugated board industry-the Portuguese case [J]. Water Eci Technol，1998，38（6）：45-53.

[27] USEPA. Protocol for developing nutrient TMDLs .Washington DC：US EPA，1999.

第 5 章

辽河流域控制单元排污许可分配

5.1 排污许可分配技术

5.1.1 国内外研究现状

污染负荷总量分配是指以环境容量或目标总量控制为基础，通过一定的分配原则和方法将污染物总量分配到地区或者污染源。国内外学者对污染负荷总量分配方法进行了大量研究，主要包括等比例分配法、贡献率削减法、定额达标排放分配法、线性规划法、TMDL 分配方法、基尼系数修正法、层次分析法等。

（1）国外研究现状

污染负荷总量控制指标分配方法的研究始于美国 20 世纪 60 年代的排污权交易，也称为污染负荷分配方法。为了监测地表水水质、控制排污量，美国国家环保局在全国设置了 7 000 个水质监测站，其中大部分设在了人口稠密的地区。此外，美国地质调查局于 1972 年开始建立全国河川水质监测网，按流域布置监测点。美国国家环保局于 1972 年在《清洁水法》中提出 TMDL（Total Maximum Daily Loads，最大日负荷总量）计划的概念，即在满足水质标准的条件下，计算水体能够接受的某种污染物的最大负荷量，并在污染源之间进行污染负荷总量的分配。同时，美国从 1972 年开始在全国范围内实行水污染物排放许可制度，并使之在技术路线和方法上不断得到改进和发展。1983 年又正式立法，实施以水质限制为基点的排放总量控制。近年来，EPA 也在不断对 TMDL 计划实施调整，使美国水资源保护由过去的单纯污染源控制转变为根据生态健康和生态功能来控制污染，这一转变给从事环境管理问题研究的科学家带来了新的挑战。20 世纪 90 年代起，“总量—分配”（Cap and Allocation）模式成为美国排污权交易的主要模式，也是最为公众所接受的政策选择。

Elli 等基于参数和模型的不确定性，对多点源的污染负荷分配方法进行了研究；Lee 等运用多目标规划的方法，对流域水环境管理进行了研究，规划模型中同时包括经济目标和环境目标，确定了污水治理费用；Ecker 等对河流的排污口应用非线性模型进行了污染物总量控制的研究；Fujiware 等利用概率约束模型对水质超标风险下的污染物负荷量在各个排污口间进行了分配；Joshi 等采用直接推断法对排污口间的主要污染物负荷量进行了分配研究；Tung 和 Cardwell 等分别采用多目标规划模型，在多点源排放污染物的情况下，对污染物负荷分配的问题进行了研究与探讨；Subimal Ghosh 等采用模糊污染负荷分配模型，确定污染负荷分配方案；Thomann 等将目标函数线性化后，运用优化模型计算了污染负荷排放量和削减量。但这些方法尚不成熟，有待进一步研究。

（2）国内研究现状

我国水污染物总量管理有国家、流域和地区层次之分，分配方法主要是面向流域和地区的，国家层面上实施的是目标总量控制，流域和地区层面上以目标总量控制为主、容量总量控制为辅。我国最早的总量分配方法探索与实践始于 20 世纪 70 年代末松花江 BOD 总量控制，接着在"六五"时期对沱江水环境容量、污染负荷总量分配进行了研究，对水环境承载力进行了定量评价；"七五"时期，陆续在长江、黄河、淮河的一些河段和白洋淀、胶州湾、泉州湾等水域，以总量控制规划为基础，进行了水环境功能区划和排污许可证制度的研究。

国内学者严如忠设计了污染物总量控制指标层次分配模型的基本框架，提出以基本容量权法和流量加权法分别分配积累性和一般性水污染物的方法；樊华等利用评价收入公平性的指标——基尼系数，提出流域间水污染总量分配方案合理性的评估方法，并以江西五大水系流域水污染物总量分配为例，制订了更具公平性和合理性的分配方案；盛虎等采用层次分析法和基尼系数交换反馈的方法研究了基于人口和经济的容量总量分配方案，并将该方案应用于邛海流域；毛战坡等阐述了公平合理的污染负荷分配方案应满足的条件，并提出了污染负荷分配的非线性规划法、满意度法、协商仲裁法等模型；李如忠等综合考虑基于经济、社会和环境系统诸要素的影响，提出了排污总量分配层次分析法；吴悦颖等引入基尼系数概念，用于评估流域间水污染物总量分配方案的合理性；姜晶以环境基尼系数最小为目标函数，采用线性规划法建立了地域总量分配模型；桑蓉以辽宁省南沙河为例进行了 TMDL 分配方法和安全余量的研究。

5.1.2　污染负荷分配技术

根据水体污染负荷贡献率大小，结合点源污染负荷与非点源污染负荷贡献率，实现控制单元污染负荷在直排点源、非点源、安全余量间的分配。

本研究根据美国国家环保局于 1972 年提出的 TMDL 计划，在满足水质标准的条件下，水体能够接受的某种污染物的最大日（月或年）负荷量，包括点源负荷 WLA 和非点源负荷 LA（含背景负荷 BL 及支流负荷），同时还要考虑不确定因素留出的安全余量 MOS；负荷计算可考虑季节性的变化，从而采取适当的污染控制措施来保证目标水体达到相应的水质标准。依据水体污染特征和污染源排放特征，确立安全余量。

首先预留安全值，再根据相应时间段内点源和非点源的负荷比例，确定点源污染负荷与非点源污染负荷总目标。

负荷分配模型：

$$\mathrm{TMDL} = \sum \mathrm{WLA} + \sum \mathrm{LA} + \mathrm{MOS} \tag{5-1}$$

$$m_{点} = \frac{x_{点}}{x_{点} + x_{面}}(M - \mathrm{MOS}) \tag{5-2}$$

$$m_{面} = \frac{x_{面}}{x_{点} + x_{面}}(M - \mathrm{MOS}) \tag{5-3}$$

式中，WLA —— 现存和未来的点源污染负荷，t/a；

LA —— 现存和未来的非点源污染负荷，t/a；

MOS —— 预留安全值，t/a；

$m_{点}$ —— 点源的分配量，t/a；

$m_{面}$ —— 非点源的分配量，t/a；

$x_{点}$ —— 河流中点源的现状负荷，t/a；

$x_{面}$ —— 河流中非点源的现状负荷，t/a；

M —— 环境容量，t/a。

5.1.3 排污许可分配原则

在流域容量总量计算基础上，综合考虑流域点源与面源污染负荷现状、《辽宁省污水综合排放标准》（DB 21/1627—2008）、最佳污水处理技术、污染物排放限值等，将点源污染负荷分配到直排点源，确定其年最大允许排放量。

（1）遵循污染物输入与水质动态响应关系规律。综合考虑控制单元污染负荷输入状况，确定控制单元点源与非点源允许排放量。

（2）水质达标控制单元，按照《辽宁省污水综合排放标准》对直排点源进行排污许可分配。

（3）水质未达标控制单元，按照容量总量对直排点源进行排污许可分配。

（4）间接排放点源按照污水处理厂要求进行排污许可分配。

5.2 辽河流域控制单元排污许可分配

5.2.1 辽河流域盘锦段控制单元

（1）控制单元划分

根据考核断面与水质目标，在辽河流域盘锦段共划分盘锦兴安、胜利塘、曙光大桥、赵圈河 4 个控制单元，见表 5-1。

表 5-1 控制单元划分

控制单元名称	所属行政区	包含河流
盘锦兴安	盘山县	新开河、辽河干流
胜利塘	盘山县	绕阳河
曙光大桥	双台子河、兴隆台区	双台子河干流、小柳河、螃蟹沟、一统河、太平河
赵圈河	大洼区	清水河

（2）控制单元污染负荷

辽河流域盘锦段控制单元 COD 污染负荷为 15 577.46 t/a，点源占 51.34%，非点源占 48.66%；NH_3-N 污染负荷为 756.95 t/a，点源占 59.74%，非点源占 40.26%。4 个控制单元点源、非点源污染负荷及贡献率见表 5-2。

表 5-2 辽河流域盘锦段控制单元污染负荷及贡献率

控制单元名称	点源污染负荷/（t/a）		非点源污染负荷/（t/a）		点源贡献率/%		非点源贡献率/%	
	COD	NH_3-N	COD	NH_3-N	COD	NH_3-N	COD	NH_3-N
盘锦兴安	11.25	1.03	64.21	2.79	14.68	26.95	85.32	73.05
胜利塘	2 017.53	96.94	2 318.53	16.4	46.53	84.33	53.47	14.27
曙光大桥	5 962.02	353.46	3 385.96	229.15	63.78	60.67	36.22	39.33
赵圈河	5.90	0.80	1 812.06	56.38	0.32	1.40	99.68	98.60

（3）控制单元污染负荷总量分配

在控制单元容量总量计算基础上，根据水体污染负荷贡献率大小，结合点源污染负荷与非点源污染负荷贡献率，实现控制单元污染负荷在直排点源、非点源、安全余量间的分配（表 5-3）。

表 5-3 控制单元污染物总量分配 单位：t/a

控制单元名称	安全余量		点源分配量		非点源分配量	
	COD	NH_3-N	COD	NH_3-N	COD	NH_3-N
盘锦兴安	2.25	0.13	6.28	0.64	36.49	1.74
胜利塘	111.89	2.57	989.22	41.14	1 136.76	7.65
曙光大桥	110.76	6.10	1 342.19	70.36	762.21	45.61
赵圈河	56.38	2.47	3.43	0.66	1 067.76	46.26

（4）控制单元排污许可分配

在控制单元污染负荷总量分配的基础上，依据控制单元排污许可分配原则，对辽河流域盘锦段控制单元重点直排点源进行排污许可分配（重点直排点源是指污染物排放量占总排放量 90%以上的点源），辽河流域盘锦段控制单元重点直排点源排污许可分配方案见表 5-4。

表 5-4 辽河流域控制单元重点直排点源排污许可分配方案 单位：t/a

控制单元名称	企业名称	入河量		许可分配量	
		COD	NH_3-N	COD	NH_3-N
曙光大桥	LHWSC1	21.49	—	10.85	1.18
	LHQY2	613.56	5.46	309.89	2.77
	LHQY3	10.24	1.44	5.17	0.73
	LHQY4	69.08	48.2	17.57	2.83
	LHWSC5	1 477.68	65.67	746.33	33.37
	LHQY6	16.23	0	8.20	0.00
	LHWSC7	449.16	17.69	226.86	8.99
胜利塘	LHQY8	1 000.25	13.02	485.78	2.32
	LHQY9	11.98	8.37	7.72	0.67
	LHQY10	465.87	39.15	495.72	38.15
赵圈河	LHWSC11	283.71	21.9	2.52	0.66
	LHQY12	101.82	0	0.91	0.00
盘锦兴安	LHWSC13	11.24	1.03	6.28	0.64

（5）污染物排放总量控制措施

根据辽河流域盘锦段水质达标状况、污染物排放状况、控制单元直排点源分配量，制定辽河流域盘锦段控制单元污染负荷削减方案，见表5-5。重点控制曙光大桥、胜利塘控制单元直排点源污染物排放。

表 5-5　控制单元直排点源污染负荷削减方案　单位：t/a

控制单元名称	点源环境容量/（t/a）		入河量/（t/a）		削减量/（t/a）	
	COD	NH_3-N	COD	NH_3-N	COD	NH_3-N
盘锦兴安	6.28	0.64	11.25	1.03	−4.97	−0.39
胜利塘	989.22	41.14	2 017.53	96.94	−1 028.31	−55.8
曙光大桥	1 342.19	70.36	5 962.02	353.46	−4 619.83	−283.1
赵圈河	3.43	0.66	5.9	0.8	−2.47	−0.14

5.2.2　浑河流域控制单元

（1）控制单元划分

浑河流域共划分 12 个控制单元（表 5-6、图 5-1），本研究区域不包含大伙房水库库区、蒲河沿、兴国桥控制单元。

表 5-6　浑河流域控制单元划分

河段	控制单元名称	所属行政区	包含河流
抚顺段	阿及堡	抚顺县	章党河
	戈布桥	顺城区、新抚区	欧家河、将军河
	东陵大桥	望花区	古城子河、李石河、方晓河东洲河、友爱河、海新河
	北杂木	清原满族自治县	红河、英额河
	古楼	新宾满族自治县	苏子河
	台沟	抚顺县	社河
	大伙房水库	抚顺市区	大伙房库区
沈阳段	东陵大桥	东陵区	杨官河、张官河
	砂山	沈河区、东陵区	南运河
	于家房	苏家屯区	细河
	兴国桥	沈北新区	蒲河
	蒲河沿	辽中区、新民市、沈北新区	蒲河

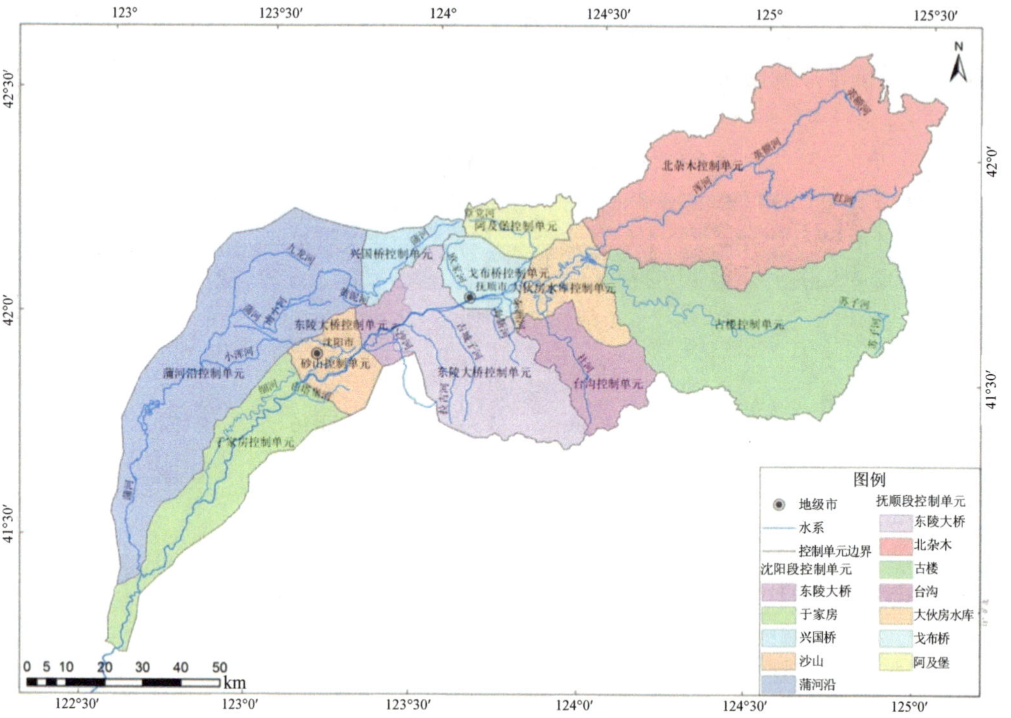

图 5-1 浑河流域控制单元划分

（2）控制单元污染负荷

浑河流域抚顺段 COD、NH_3-N 污染负荷分别为 9 197.2 t/a、585.74 t/a，其中，点源 COD、NH_3-N 污染负荷分别占 43.71%、63.56%，非点源 COD、NH_3-N 污染负荷分别占 56.29%、36.44%。

浑河流域沈阳段 COD、NH_3-N 污染负荷分别为 24 496.76 t/a、5 460.65 t/a，其中，点源 COD、NH_3-N 污染负荷分别占 92.40%、94.51%，非点源 COD、NH_3-N 污染负荷分别占 7.59%、5.49%，9 个控制单元点源污染负荷与非点源污染负荷及贡献率见表 5-7。

表 5-7 浑河流域控制单元污染负荷及贡献率

控制单元名称	点源污染负荷/（t/a）		非点源污染负荷/（t/a）		点源贡献率/%		非点源贡献率/%	
	COD	NH_3-N	COD	NH_3-N	COD	NH_3-N	COD	NH_3-N
阿及堡	10.71	0.11	636.05	10.64	1.66	1.04	98.34	98.96
戈布桥	108.00	12.25	211.11	20.26	33.84	37.67	66.16	62.33
东陵大桥	3 572.38	332.1	1 770.22	114.41	66.87	74.18	33.13	25.82
北杂木	203.56	13.98	1 681.81	56.66	10.8	19.79	89.2	80.21
古楼	124.07	13.77	730.5	8.02	14.52	63.19	84.28	36.81
台沟	1.26	0.08	147.53	2.26	0.85	3.34	99.15	96.66

控制单元名称	点源污染负荷/（t/a）		非点源污染负荷/（t/a）		点源贡献率/%		非点源贡献率/%	
	COD	NH_3-N	COD	NH_3-N	COD	NH_3-N	COD	NH_3-N
东陵大桥	126.21	11.06	517.08	81.97	19.62	11.89	80.38	88.11
砂山	8 430.22	2 605.22	288.76	46.89	96.69	98.23	3.31	1.77
于家房	14 080.85	2 544.76	1 053.64	170.75	93.04	93.71	6.96	6.29

（3）控制单元污染负荷总量分配

采用辽河流域盘锦段控制单元污染负荷总量分配技术，对浑河流域控制单元污染负荷总量进行直排点源、非点源、安全余量分配，分配结果见表 5-8。

表 5-8　浑河流域控制单元污染负荷总量分配方案　单位：t/a

控制单元名称	安全余量		点源允许总量		非点源允许总量	
	COD	NH_3-N	COD	NH_3-N	COD	NH_3-N
北杂木	383.05	7.73	2 890.13	93.37	3 756.05	74.80
古楼	27.87	3.76	117.53	15.26	691.88	8.89
台沟	18.59	0.58	1.17	0.16	136.34	4.26
阿及堡	138.48	8.48	40.90	1.46	2 422.93	141.26
戈布桥	6.38	0.89	1 095.71	30.51	499.88	16.89
东陵大桥	1 841.14	44.54	4 551.76	202.923	3 694.38	161.70
东陵大桥	68.59	0.10	3 216.17	132.46	1 298.38	1.89
砂山	68.12	0.85	1 069.87	17.45	566.54	2.86
于家房	434.31	22.26	8 946.96	352.02	1 894.70	84.80

（4）控制单元排污许可分配

在控制单元污染负荷总量分配基础上，依据控制单元排污许可分配原则，对浑河流域抚顺段、沈阳段控制单元重点直排点源进行排污许可分配，抚顺段、沈阳段控制单元重点直排点源排污许可分配方案见表 5-9、表 5-10。

表 5-9　浑河流域抚顺段控制单元排污许可分配方案　单位：t/a

控制单元名称	企业名称	入河量		分配量	
		COD	NH_3-N	COD	NH_3-N
北杂木	HHWSC1	135.28	10.50	135.28	10.50
	HHQY2	18.98	0.61	7.76	0.61

控制单元名称	企业名称	入河量		分配量	
		COD	NH_3-N	COD	NH_3-N
北杂木	HHWSC3	11.83	0.90	11.83	0.37
	HHWSC4	15.04	1.34	15.04	0.38
古楼	HHWSC5	81.64	10.87	78.32	10.87
	HHWSC6	35.57	2.90	35.57	2.90
阿及堡	HHQY7	10.42	0.09	10.42	0.09
戈布桥	HHQY8	6.88	0.83	3.06	0.61
	HHWSC9	69.76	9.94	2 786.43	293.69
东陵大桥	HHQY10	28.39	0.25	28.39	0.25
	HHQY11	10.19	0.038	10.19	0.038
	HHWSC12	747.57	37.46	747.57	37.46
	HHWSC13	2 786.43	293.69	69.76	9.94

表 5-10 浑河流域沈阳段控制单元排污许可分配方案 单位：t/a

控制单元名称	企业名称	入河量		分配量	
		COD	NH_3-N	COD	NH_3-N
东陵大桥	HHWSC1	15.12	1.26	15.12	1.26
于家房	HHWSC2	929.51	66.19	929.51	66.19
	HHQY3	11.99	1.38	11.99	1.38
	HHWSC4	2 622.09	57.18	2 622.09	57.18
	HHWSC5	2 050.8	51.60	2 050.8	51.60
	HHWSC6	18.20	1.82	18.20	1.82
	HHWSC7	0.80	0.07	0.80	0.07
	HHWSC8	2 301.5	102.49	2 301.5	102.49
	HHQY9	14.19	2.02	14.19	1.17
砂山	HHQY10	9.20	229.68	9.20	229.68
	HHQY11	0.67	341.28	0.67	341.28
	HHQY12	42.11	3.27	30.00	1.89
	HHQY13	51.12	4.09	28.4	2.37
	HHWSC14	5 475.20	1 505.68	2 050.80	51.60

（5）污染物排放总量控制措施

根据浑河流域控制单元直排点源分配量，制定污染负荷削减方案（表 5-11）。重点控制抚顺段东陵大桥控制单元城镇污水处理厂，沈阳段于家房、砂山控制单元城镇污水处理厂与直排企业污染物排放量。

表 5-11　控制单元点源污染负荷削减方案

河段	控制单元名称	点源允许量/（t/a）		入河量/（t/a）		削减量/（t/a）		点源削减率/%	
		COD	NH_3-N	COD	NH_3-N	COD	NH_3-N	COD	NH_3-N
抚顺段	北杂木	2 890.13	93.37	38.03	1.13	2 852.1	92.24	0	0
	古楼	117.53	15.26	10.23	0.12	107.3	15.14	0	0
	台沟	1.17	0.16	1.26	0.08	−0.09	0.08	7.00	100.00
	阿及堡	40.90	1.46	28.88	0.40	12.02	1.06	0	0
	戈布桥	18.02	0.72	7.77	0.86	10.25	−0.14	0	16
	东陵大桥	1 166.70	36.08	3 684.22	343.84	−2 518.72	−307.76	68.00	90.00
沈阳段	东陵大桥	557.49	6.22	17.63	1.51	539.86	4.707	0	0
	砂山	2 742.85	111.69	2 955.02	1 099.54	−212.17	−987.85	7.00	90.00
	于家房	6 043.95	352.02	19 664.63	4 059.98	−13 620.68	−3 707.96	69.00	91.00

5.2.3　太子河流域控制单元

（1）控制单元划分

按照“水十条”将太子河流域划分为 23 个控制单元，研究区包括 19 个控制单元（表 5-12、图 5-2）。太子河流域本溪段包括南太子河入观音阁水库口、老官砬子、兴安、葠窝水库坝下、河洪桥、太子河入观音阁水库 6 个控制单元；太子河流域辽阳段包括 8 个控制单元，分别为葠窝水库坝下、汤河桥、二道河入汤河水库口、下达河入汤河水库口、河洪桥、下王家、下口子、刘家台；太子河流域鞍山段流域包括刘家台、牛庄、小姐庙、三岔河、辽河公园 5 个控制单元。

表 5-12　太子河流域控制单元划分

河段	控制单元名称	所属行政区	包含水体
本溪段	南太子河入观音阁水库口	本溪满族自治县	衫松河、南三道河、田师傅河
	老官砬子	本溪满族自治县、明山区、溪湖区	清河、小汤河、太子河、卧龙河、南沙河
	兴安	本溪满族自治县、明山区、溪湖区、平山区	太子河

河段	控制单元名称	所属行政区	包含水体
本溪段	葠窝水库坝下	南芬区、平山区	细河、大石河、三道河
	河洪桥	溪湖区	北沙河
	太子河入观音阁水库	本溪满族自治县	清河、马圈子河
鞍山段	刘家台	立山区、铁东区、千山区	南沙河、运粮河、杨柳河
	牛庄	海城市	五道河、海城河
	小姐庙	海城市	太子河干流
	三岔河	海城市	太子河干流
	辽河公园	海城市	太子河干流
辽阳段	葠窝水库坝下	弓长岭区	兰河
	汤河桥	弓长岭区	汤河
	二道河入汤河水库口	弓长岭区	汤河
	下达河入汤河水库口	弓长岭区	下达河
	河洪桥	灯塔市	北沙河
	下王家	文圣区、白塔区、太子河区、宏伟区	新开河、太子河干流
	下口子	辽阳县	太子河干流、柳壕河、
	刘家台	辽阳县	南沙河、运粮河、杨柳河

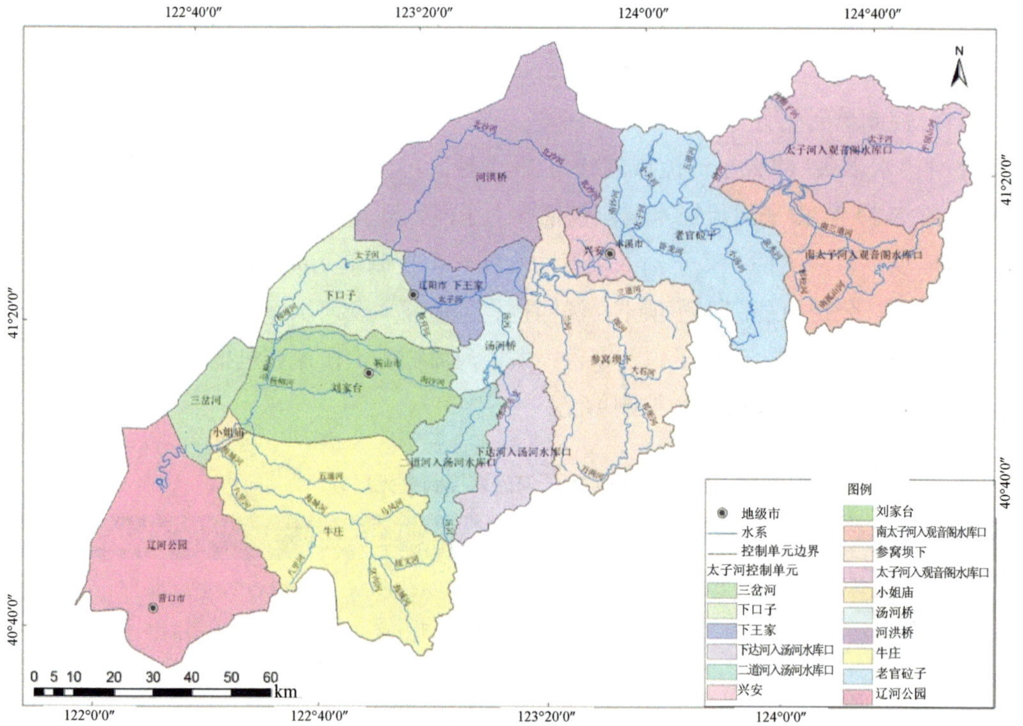

图 5-2 太子河流域控制单元划分

(2) 控制单元污染负荷

太子河流域共有 408 家直排点源，其中，污水处理厂有 18 家，直排点源主要分布在本溪段的北沙河、南沙河、细河、兰河，鞍山段的杨柳河、南沙河、运粮河、海城河、五道河。

本溪段南太子河入观音阁水库口控制单元有 3 家直排点源；老官砬子控制单元有 43 家直排点源，其中有 1 家污水处理厂；兴安控制单元有 42 家直排点源；葠窝水库坝下控制单元有 32 家直排点源，其中有 2 家污水处理厂；河洪桥控制单元有 44 家直排点源。

鞍山段刘家台控制单元有 28 家直排点源，其中有 5 家污水处理厂；牛庄控制单元有 19 家直排点源，其中有 2 家污水处理厂；小姐庙控制单元有 23 家直排点源。

辽阳段葠窝水库坝下控制单元有 11 家直排点源；汤河桥控制单元有 1 家污水处理厂；二道河入汤河水库口控制单元共有直排企业有 3 家；河洪桥控制单元直排点源有 6 家，其中直排企业 5 家、污水处理厂 1 家；下王家控制单元直排点源有 5 家，其中直排企业 2 家、污水处理厂 3 家；下口子控制单元直排点源有 27 家；刘家台控制单元直排企业有 14 家。

太子河流域点源 COD、NH_3-N 入河量分别为 14 674.6 t/a、1 050.01 t/a，本溪段 COD、NH_3-N 入河量分别为 7 194.81 t/a、340.61 t/a，分别占总入河量的 49%、32%；鞍山段 COD、NH_3-N 入河量分别为 3 386.59 t/a、341.2 t/a，分别占总入河量的 23%、33%；辽阳段 COD、NH_3-N 入河量分别为 4 094.01 t/a、368.2 t/a，分别占总入河量的 28%、35%。

太子河流域非点源 COD、NH_3-N 输出量分别为 34 243.69 t/a、5 743.17 t/a，以农业非点源为主。太子河本溪段非点源主要集中于鞍山段、辽阳段，鞍山段 COD、NH_3-N 输出量分别为 12 672.94 t/a、1 250.94 t/a，分别占总输出量的 37%、22%；辽阳段 COD、NH_3-N 输出量分别为 14 916.82 t/a、4 140.44 t/a，分别占总输出量的 44%、72%（表 5-13）。

表 5-13 太子河流域控制单元污染负荷及贡献率

河段	控制单元名称	点源污染负荷/（t/a）		非点源污染负荷/（t/a）		点源贡献率/%		非点源贡献率/%	
		COD	NH_3-N	COD	NH_3-N	COD	NH_3-N	COD	NH_3-N
本溪段	南太子河入观音阁水库口	1.3	—	457.2	18.1	0.3	—	99.7	100.0
	老官砬子	2 494.0	79.6	1 831.8	106.2	57.7	42.8	42.3	57.2
	兴安	2 959.2	174.2	1 018.1	58.8	74.4	74.9	25.6	25.1
	葠窝水库坝下	725.7	58.9	2 261.4	120.7	24.3	32.8	75.7	67.2
	河洪桥	1 014.6	26.8	1 084.3	48.0	48.3	35.8	51.7	64.2
	太子河入观音阁水库口	—	—	251.2	10.0	—	—	100.0	100.0

河段	控制单元名称	点源污染负荷/（t/a）		非点源污染负荷/（t/a）		点源贡献率/%		非点源贡献率/%	
		COD	NH_3-N	COD	NH_3-N	COD	NH_3-N	COD	NH_3-N
鞍山段	刘家台	1 865.3	201.0	5 403.4	841.0	25.7	19.3	74.3	80.7
	牛庄	1 182.0	108.7	7 269.6	410.0	14.0	21.0	86.0	79.0
	小姐庙	339.4	31.5	51.1	5.1	86.9	86.1	13.1	13.9
辽阳段	葠窝水库坝下	9.0	0.1	864.1	239.8	1.0	0	99.0	100.0
	汤河桥	244.7	19.4	1976.8	548.7	11.01	3.41	89.0	96.6
	河洪桥	252.3	36.9	1 777.9	493.5	12.4	7.0	87.6	93.0
	下王家	3 092.7	282.8	211.4	58.7	93.6	82.8	6.4	17.2
	下口子	401.2	43.4	1 054.3	292.6	27.6	12.9	72.4	87.1
	刘家台	338.9	5.1	529.1	146.9	39.0	3.4	61.0	96.6

（3）控制单元污染负荷总量分配

采用辽河流域盘锦段控制单元污染负荷总量分配技术，对太子河流域控制单元污染负荷总量进行直排点源、非点源、安全余量分配，分配结果见表 5-14。

表 5-14 太子河流域控制单元污染负荷总量分配方案 单位：t/a

河段	控制单元名称	点源分配量		非点源分配量		安全余量	
		COD	NH_3-N	COD	NH_3-N	COD	NH_3-N
本溪段	南太子河入观音阁水库口	0.96	—	74.75	2.22	8.42	0.25
	老官砬子	9 141.97	413.97	4 286.09	298.69	549.41	35.73
	兴安	4 891.07	177.33	2 718.75	103.33	394.60	15.13
	葠窝水库坝下	876.22	32.19	1 326.07	46.36	156.54	5.05
	河洪桥	736.36	27.28	787.77	48.92	169.35	8.47
	太子河入观音阁水库口	0.02	0.00	1 406.57	46.88	74.03	2.47
鞍山段	刘家台	3 343.35	174.19	1 383.31	67.02	525.18	26.81
	牛庄	7 982.3	432.76	3 328.22	90.02	1 256.73	58.08
	小姐庙	339.35	29.32	34.09	3.41	3.73	0.33
辽阳段	葠窝水库坝下	14.16	0.02	1 783.39	89.86	94.61	4.73
	汤河桥	13.39	0.13	166.36	5.86	9.46	0.32
	二道河入汤河水库口	—	—	1 950.34	65.01	102.65	3.42

河段	控制单元名称	点源分配量		非点源分配量		安全余量	
		COD	NH_3-N	COD	NH_3-N	COD	NH_3-N
辽阳段	下达河入汤河水库口	—	—	1 683.71	84.19	88.62	4.23
	河洪桥	122.89	3.12	865.76	41.82	52.03	2.37
	下王家	3 942	103.75	149.80	7.79	7.88	0.41
	下口子	408.22	100.92	1 077.13	7.79	56.76	0.41
	刘家台	934.37	4.40	3 020.25	108.24	208.14	5.99

（4）控制单元排污许可分配

在控制单元污染负荷总量分配基础上，依据控制单元排污许可分配原则，对太子河流域本溪段、鞍山段、辽阳段控制单元重点直排点源进行排污许可分配，本溪段、鞍山段、辽阳段控制单元重点直排点源排污许可分配方案见表 5-15～表 5-17。

表 5-15　太子河流域本溪段控制单元排污许可分配方案　单位：t/a

控制单元	企业名称	入河量		分配量	
		COD	NH_3-N	COD	NH_3-N
老官砬子	TZHQY1	2 078.51	57.18	32.50	5.20
	TZHQY2	9.57	0.49	0.85	0.14
兴安	TZHQY3	45.44	—	18.90	—
	TZHQY4	15.3	0.09	0.12	0.02
	TZHQY5	32.51	—	20.25	—
	TZHQY6	18.14	21.71	15.68	2.51
	TZHQY7	53.35	0.51	0.36	0.06
	TZHWSC8	2 625.48	145.86	2 851.20	158.40
	TZHQY9	17.28	1.24	20.85	0.75
葠窝水库坝下	TZHQY10	25.64	0.43	1.44	0.23
	TZHWSC11	129.89	18.1	141.05	19.65
	TZHQY12	40.33	0.46	2.10	0.34
	TZHQY13	16.58	0.29	0.77	0.12
	TZHQY14	41.37	3.77	44.93	4.09
	TZHQY15	403.56	33.85	372.62	6.933

控制单元	企业名称	入河量		分配量	
		COD	NH_3-N	COD	NH_3-N
河洪桥	TZHQY16	17.40	0.25	3.90	0.30
	TZHQY17	19.89	0.25	4.75	0.30
	TZHQY18	54.32	2.61	13.21	2.11
	TZHQY19	60.91	—	12.85	—
	TZHQY20	17.13	—	5.57	—
	TZHQY21	17.13	—	4.89	—
	TZHQY22	25.19	—	13.60	—
	TZHQY23	25.65	—	6.06	—
	TZHQY24	43.88	1.57	11.43	1.70
	TZHQY25	45.08	—	10.80	—
	TZHQY26	57.09	—	26.86	—
	TZHQY27	51.95	0.25	11.81	0.30
	TZHQY28	54.72	—	16.80	—
	TZHQY29	55.36	—	11.20	—
	TZHQY30	26.20	1.09	6.85	1.10
	TZHQY31	51.81	—	11.07	—
	TZHQY32	48.15	—	11.84	—
	TZHQY33	54.47	1.12	11.23	1.22
	TZHQY34	52.68	2.51	27.96	3.03
	TZHQY35	55.74	—	11.77	—
	TZHWSC36	57.18	8.69	69.00	10.49

表 5-16 太子河流域鞍山段控制单元排污许可分配方案 单位：t/a

控制单元名称	企业名称	入河量		分配量	
		COD	NH_3-N	COD	NH_3-N
刘家台	TZHQY1	19.08	1.98	21.2	0.87
	TZHQY2	10.29	1.03	10.29	0.96
	TZHQY3	75.82	4.13	48.75	5.10
	TZHQY4	27.04	2.61	0.98	0.10
	TZHQY5	0.10	0.02	0.11	0.02
	TZHQY6	21.27	1.01	23.63	1.01
	TZHWSC7	162.21	39.42	92.14	3.12

控制单元名称	企业名称	入河量		分配量	
		COD	NH_3-N	COD	NH_3-N
刘家台	TZHQY8	74.63	6.40	180.24	17.32
	TZHWSC9	404.78	32.20	449.75	33.18
	TZHQY10	561.51	58.40	261.39	24.66
	TZHWSC11	104.51	6.17	129.03	7.61
	TZHQY12	416.39	39.18	416.39	39.18
牛庄	TZHQY13	73.36	4.87	37.05	5.41
	TZHQY14	45.44	5.84	23.38	3.74
	TZHQY15	53.11	4.09	25.22	4.04
	TZHQY16	49.03	4.06	22.57	3.61
	TZHQY17	56.23	0.58	39.8	0.64
	TZHQY18	620.67	76.79	766.26	94.80
	TZHQY19	79.01	0.69	9.45	0.77
小姐庙	TZHWSC20	339.35	31.52	339.35	29.32

表 5-17　太子河流域辽阳段控制单元排污许可分配方案　　单位：t/a

控制单元名称	污染源名称	入河量/（t/a）		分配量/（t/a）	
		COD	NH_3-N	COD	NH_3-N
下口子	TZHQY1	1 322.25	19.89	825.58	6.62
	TZHQY2	32.39	0.23	4.05	0.11
	TZHQY3	264.80	51.70	26.48	3.87
	TZHQY4	1 980.77	298.91	1 648.99	149.30
下王家	TZHQY5	253.00	—	210.62	0
	TZHWSC6	136.66	17.73	113.77	14.76
	TZHWSC7	28.86	3.15	18.50	2.62
刘家台	TZHQY8	63.53	5.53	24.68	3.95
汤河桥	TZHQY9	293.89	23.31	13.39	0.13
河洪桥	TZHQY10	275.00	44.00	122.89	3.12

（5）污染物排放控制措施

太子河流域直排点源主要集中于老官砬子、兴安、河洪桥、葠窝水库坝下、兴安、刘家台、牛庄控制单元，根据太子河流域控制单元直排点源分配量，制定污染负荷削减方案（表 5-18）。重点控制城镇污水处理厂污染物排放量，提高城镇污水处理率。

表 5-18 太子河流域控制单元点源污染负荷削减方案

河段	控制单元名称	点源分配量/（t/a）		入河量/（t/a）		削减量/（t/a）		削减率/%	
		COD	NH_3-N	COD	NH_3-N	COD	NH_3-N	COD	NH_3-N
本溪段	南太子河入观音阁水库口	0.96	—	1.28	—	−0.32	—	−25	—
	老官砬子	658.65	22.81	2 494.03	79.62	−1 835.38	−56.81	−74	−71
	葠窝水库坝下	876.22	32.19	724.46	58.86	—	−26.67	0	−45
	河洪桥	736.36	27.28	1 014.61	26.78	−278.25	0.50	−27	0
	兴安	832.66	32.80	2 959.22	175.35	−2 126.56	−142.55	−72	−81
鞍山段	刘家台	3 343.35	174.19	1 865.25	201.01	—	−26.82	—	−13
	牛庄	7 982.30	432.76	1 181.99	108.67	—	—	—	—
	小姐庙	255.20	12.76	339.354	31.527	−84.154	−18.767	−25	−60
辽阳段	葠窝水库坝下	14.16	0.02	6.86	0.055	—	−0.035	—	−64
	汤河桥	621.18	6.12	244.66	19.40	370	−13.28	—	−68
	下王家	2 797.09	214.11	3 092.65	282.78	−3 092.65	−282.78	−10	−24
	河洪桥	237.07	3.98	252.26	36.87	−15.19	−32.89	−6	−89
	下口子	535.04	2.27	740.08	48.49	−205.04	−46.22	−28	−95

5.2.4 清河流域控制单元

（1）控制单元划分

按照“水十条”控制单元划分，将清河流域划分为清河水库入口、清辽、松树水文站 3 个控制单元（表 5-19）。

表 5-19 清河流域控制单元划分

控制单元名称	所属行政区	受纳水体
清辽	清河区、开原市、昌图县	前马河、马仲河、小清河、叶赫河
清河水库入口	清河区	碾盘河、阿拉河、二道沟河
松树水文站	西丰县	乌鲁河、石银沟河、艾青河、小寇河

（2）控制单元污染负荷

① 控制单元直排点源污染物排放特征

清河水库入口控制单元共有 3 家直排点源，COD、NH_3-N 排放量分别为 27.57 t/a、4.3 t/a，入河量分别为 24.41 t/a、5.11 t/a。清辽控制单元共有 10 家直排点源，COD、NH_3-N 排放量分别为 893.11 t/a、58.26 t/a，入河量分别为 797.62 t/a、53.05 t/a，其中有 3 家污

水处理厂，COD、NH_3-N 排放量分别为 799.58 t/a、47.9 t/a，所占比例分别为 90%、82%。松树水文站控制单元共有 18 家直排点源，COD、NH_3-N 排放量分别为 264.81 t/a、33.41 t/a，入河量分别为 248.27 t/a、31.25 t/a，其中，污水处理厂 COD、NH_3-N 排放量分别为 169.91 t/a、20.68 t/a，所占比例分别为 62%、64%。

② 控制单元非点源污染物排放特征

清河水库入口控制单元非点源 COD、NH_3-N 输出量分别为 935.37 t/a、89.15 t/a，其中，农业用地 COD、NH_3-N 输出量分别为 417.23 t/a、46.12 t/a，所占比例分别为 45%、52%；清辽控制单元非点源 COD、NH_3-N 输出量分别为 2 312.4 t/a、211.12 t/a，其中，农业用地 COD、NH_3-N 输出量分别为 834.89 t/a、91.69 t/a，所占比例分别为 36%、43%，林地非点源 COD、NH_3-N 输出量分别为 1 183.55 t/a、87.93 t/a，所占比例分别为 51%、42%；松树水文站控制单元非点源 COD、NH_3-N 输出量分别为 1 980.66 t/a、185.99 t/a，其中，农业用地 COD、NH_3-N 输出量分别为 920.54 t/a、102.89 t/a，所占比例分别为 46%、55%，林地非点源 COD、NH_3-N 输出量分别为 810.52 t/a、60.21 t/a，所占比例分别为 41%、32%。

③ 控制单元点源污染负荷与非点源污染负荷及贡献率

清河水库入口控制单元以非点源为主，非点源 COD、NH_3-N 所占比例分别为 97%、95%；清辽控制单元以非点源为主，非点源 COD、NH_3-N 所占比例分别为 72.13%、78.22%；松树水文站控制单元以非点源为主，COD、NH_3-N 所占比例分别为 88.86%、85.61%（表 5-20）。

表 5-20　清河流域控制单元污染负荷及贡献率

控制单元名称	点源污染负荷/（t/a）		非点源污染负荷/（t/a）		点源贡献率/%		非点源贡献率/%	
	COD	NH_3-N	COD	NH_3-N	COD	NH_3-N	COD	NH_3-N
清辽	797.68	53.05	2 064.9	190.5	27.87	21.78	72.13	78.22
清河水库入口	24.41	5.10	935.37	89.15	2.66	4.21	97.34	94.59
松树水文站	248.27	31.25	1 980.66	185.99	11.14	14.39	88.86	85.61

（3）控制单元污染负荷总量分配

采用辽河流域盘锦段控制单元污染负荷总量分配技术，对清河流域控制单元污染负荷总量进行直排点源、非点源、安全余量分配，分配结果见表 5-21。

表 5-21　清河流域控制单元污染负荷总量分配　　单位：t/a

控制单元名称	安全余量		点源分配量		非点源分配量	
	COD	NH_3-N	COD	NH_3-N	COD	NH_3-N
清辽	1.96	0.10	34.28	0.67	14.23	0.50
	9.95	3.88	89.02	18.77	384.71	64.23

控制单元名称	安全余量		点源分配量		非点源分配量	
	COD	NH_3-N	COD	NH_3-N	COD	NH_3-N
清辽	47.33	4.46	422.18	14.90	27.23	3.02
	76.82	7.51	702.71	29.84	853.08	25.45
清河水库入库口	5.31	0	6.95	0.02	121.56	0.13
松树水文站	8.08	0.68	22.90	4.55	64.92	3.30
	16.00	1.46	208.55	22.37	28.57	3.74
	2.72	0.44	1.22	0.01	30.77	3.21
	3.49	0.59	14.75	1.15	38.42	5.07
	4.25	0.57	37.59	4.46	27.17	4.23
	34.74	3.74	285.01	33.75	46.58	12.01

（4）控制单元排污许可分配

在控制单元污染负荷总量分配基础上，依据控制单元排污许可分配原则，对清河流域控制单元重点直排点源进行排污许可分配，控制单元重点直排点源排污许可分配方案见表 5-22。

表 5-22 清河流域控制单元重点直排点源排污许可分配方案 单位：t/a

控制单元名称	排放量		分配量	
	COD	NH_3-N	COD	NH_3-N
清河水库入口	27.57	4.31	6.95	0.02
清辽	893.11	58.27	702.71	29.84
松树水文站	294.45	33.42	285.01	33.75

（5）污染物排放控制措施

清河流域主要直排源为开原污水处理厂，清河污水处理厂，昌图县、西丰县污水处理厂，COD、NH_3-N 污染物排放量分别占 90%、82%，在清河流域重点对污水处理厂进行提标改造，实现控制单元污染物削减方案。

5.2.5 凡河流域控制单元

（1）控制单元划分

凡河流域国家只划分黄河子 1 个控制单元（图 5-3）。

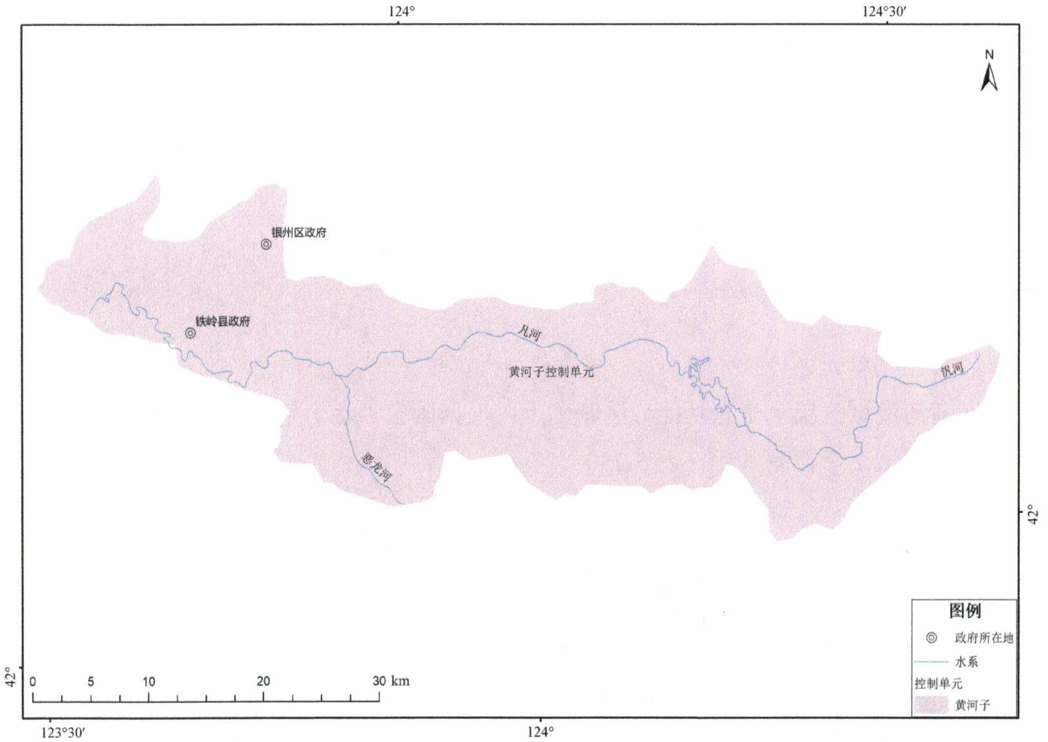

图 5-3　凡河流域控制单元

（2）控制单元污染负荷

根据凡河流域点源污染负荷与非点源污染负荷，确定其点源、非点源污染负荷及贡献率（表 5-23），凡河流域以非点源污染为主。

表 5-23　凡河流域控制单元污染负荷及贡献率

控制单元名称	点源污染负荷/（t/a）		非点源污染负荷/（t/a）		点源贡献率/%		非点源贡献率/%	
	COD	NH_3-N	COD	NH_3-N	COD	NH_3-N	COD	NH_3-N
黄河子	17.36	0.86	1 407.58	130.11	1.22	0.66	98.78	99.34

（3）控制单元污染负荷总量分配

采用辽河流域盘锦段控制单元污染负荷总量分配技术，对凡河流域控制单元中期水质目标 50%保证率下直排点源、非点源、安全余量进行分配，分配结果见表 5-24。

表 5-24　凡河流域控制单元污染负荷总量管理目标方案　　单位：t/a

控制单元名称	点源环境容量		非点源环境容量		安全余量	
	COD	NH_3-N	COD	NH_3-N	COD	NH_3-N
黄河子	207.19	20.43	644.58	10.98	31.55	1.61

（4）控制单元排污许可分配

凡河流域黄河子控制断面水质达标，凡河流域只有 1 个控制单元，排污许可分配执行《辽宁省污染物综合排放标准》（DB 21/1627—2008）。

（5）污染物排放控制措施

凡河流域水生态环境主要采取预防与保护措施。

5.2.6 蒲河流域控制单元

（1）控制单元划分

在蒲河流域三级水生态功能分区基础上，根据国家“水十条”将控制单元划分为兴国桥、蒲河沿 2 个控制单元（表 5-25）。

表 5-25 蒲河流域控制单元划分

控制单元名称	所属行政区	主要河流
兴国桥	沈北新区	蒲河上游
蒲河沿	于洪区	小浑河、九龙河、南小河、干流
	辽中县	干流
	沈北新区	南小河、黄泥河、干流
	新民区	小浑河、干流
	大东区	黄泥河、北运河
	皇姑区	北运河

（2）控制单元污染负荷

由于兴国桥控制单元位于蒲河源头区，因此只对蒲河中下游蒲河沿控制单元进行污染负荷核定与总量分配等。蒲河沿控制单元直排污染源污染负荷 COD、NH_3-N 分别为 1 579.24 t/a、152.86 t/a；面源污染负荷 COD、NH_3-N 分别为 2 375.67 t/a、283.96 t/a，蒲河流域以面源贡献为主（5-26）。

表 5-26 蒲河流域蒲河沿控制单元污染负荷及贡献率

点源污染负荷/（t/a）		面源污染负荷/（t/a）		点源贡献率/%		面源贡献率/%	
COD	NH_3-N	COD	NH_3-N	COD	NH_3-N	COD	NH_3-N
1 579.24	152.86	2 375.67	283.96	40	35	60	65

（3）控制单元污染负荷总量分配

根据污染负荷总量分配技术，计算 50%保证率下点源、非点源、安全余量的污染负荷总量分配（表 5-27）。

表 5-27　蒲河流域控制单元污染负荷总量分配方案　　单位：t/a

控制单元名称	点源容量		非点源容量		安全余量	
	COD	NH_3-N	COD	NH_3-N	COD	NH_3-N
蒲河沿	1 472.22	87.61	2 375.67	164.83	310.31	19.42

（4）控制单元排污许可分配

在控制单元污染负荷总量分配的基础上，依据控制单元排污许可分配原则，对蒲河流域控制单元重点直排点源进行排污许可分配，分配方案见表 5-28。

表 5-28　蒲河流域控制单元重点直排点源污染负荷排污许可分配　　单位：t/a

控制单元名称	点源污染负荷		点源分配量	
	COD	NH_3-N	COD	NH_3-N
蒲河沿	1 579.24	152.86	1 472.22	87.61

（5）污染物排放控制措施

蒲河中上游城市发展水生态功能区发展区域应以治理为主。①提升污水处理设施处理能力。蒲河流域污染主要集中于蒲河城市段沈北新区，污染源以污水处理厂为主，蒲河流域污水处理厂处理工艺以 A^2/O 工艺为主，在蒲河现有水文条件下，污水处理厂提标改造是主要措施。②水利调度。蒲河下游大河泡（三）水文站 2013 年逐日平均流量显示，在平水期、枯水期，蒲河流域大河泡（三）水文站平均流量最大值 6.39 m^3/s，最小值 3.38 m^3/s，平均值 4.7 m^3/s，逐日流量最大值 9.23 m^3/s，最小值 2.25 m^3/s。从流量数据可以看出，在现有经济技术条件下，在平水期、枯水期，上游棋盘山水库适当调度一定量的生态水，对于改善河流水质至关重要。③重点整治支流及排污口。

参考文献

[1] 宋国君. 论中国污染物排放总量控制和浓度控制[J]. 环境保护，2000，28（6）：11-13.

[2] 唐献力，郭宗楼. 水环境容量价值及其影响因素研究[J]. 农机化研究，2006（10）：45-48.

[3] 杨波，尚秀莉. 日本保护立法及污染物排放标准的启示[J]. 环境污染与防治，2010（6）：94-97.

[4] 赵华林，郭启民，黄小赠. 日本水环境保护及总量控制技术与政策的启示[J]. 环境保护，2007，35（6）：82-87.

[5] 边博，夏明芳，王志良. 太湖流域重污染区主要水污染物总量控制[J]. 湖泊科学，2012（3）：3-9.

[6] 左其亭，庞莹莹. 基于和谐论的水污染物总量控制问题研究[J]. 水利水电科技进展，2011，31（3）：5-9，16.

[7] 中日水污染物总量控制研究课题组. 中日水污染物总量控制研究[M]. 北京：中国环境科学出版社，2013.

[8] 张玉清，张蕴华，张景霞. 河流功能区水污染物容量总量控制的原理和方法[J]. 环境科学，1998（S1）：23-35.

[9] 梁博，王晓燕. 我国水环境污染物总量控制研究的现状与展望[J]. 首都师范大学学报（自然科学版），2005（1）：93-98.

[10] 刘庄，刘爱萍，庄巍，等. 每日最大污染负荷（TMDL）计划的借鉴意义与我国水污染总量控制管理流程[J]. 生态与农村环境学报，2016，32（1）：47-52.

[11] 刘天厚，施为光. 沱江水环境容量及水质管理规划探讨[J]. 上海环境科学，1987（9）：12-15，11.

[12] 夏青，孙艳，贺珍，等. 水污染物总量控制实用计算方法概要[J]. 环境科学研究，1989（3）：1-73.

[13] 郑英铭，高建群. 潮汐河流水环境容量的研究[J]. 环境科学，1990（3）：63-69，97.

[14] 张玉清，张蕴华，张景霞. 河流功能区水污染物容量总量控制的原理和方法[J]. 环境科学，1998（S1）：23-35.

[15] 黄玉凯. 水污染物排放总量控制的定量化过程与方法[J]. 上海环境科学，1990（5）：2-4，38.

[16] 罗缙，逄勇，罗清吉，等. 太湖流域平原河网区往复流河道水环境容量研究[J]. 河海大学学报（自然科学版），2004（2）：144-146.

[17] 王宁. 关于污染物总量控制的问题探讨[J]. 环境科学与技术，2005（S1）：66-67.

[18] 闻建伟，杨春生，付意成. 浑太河流域水环境容量分配研究[J]. 水利水电技术，2017，48（11）：150-155.

[19] 王金南，田仁生，吴舜泽，等. “十二五”时期污染物排放总量控制路线图分析[J]. 中国人口·资源与环境，2010，20（8）：70-74.

[20] Tsuzuki Y. Proposal of environmental accounting housekeeping（EAH） books of domestic wastewater based on water pollutant loads per capita：a case study of Sanbanze tidal coastal zone，Tokyo Bay[J]. Journal of Global Environment Engineering，2004，10：187-196.

[21] Seyed Arman Hashemi Monfared，Mohsen Dehghami Darmian. Water quality planning in rivers：assimilative capacity and dilution flow[J]. Bull Environ Contam Toxicol，2017，99：531-541.

[22] Koji Noda. Water pollution control history in Japan，effluent standards，and central-local government relations[J]. Water Hist，2015，7：337-356.

[23] Hisano T. and HayaseT . Countermeasures against water pollution in enclosed coastal seas in Japan[J]. Marine Pollution Bulletin，1991，23：479-484.

[24] Takahashi Y. Water pollution control measures for enclosed coastal seas in Japan[J]. Journal of Japan Society for Safety Engineering，2006，45：415-420.

[25] Tung Y K，Hathhorn W E. Stochastic waste load allocation[J]. Ecological Modelling，1990，51（1-2）：29-46.

[26] Tung Y K，Hathhorn W E. Multiple-objective waste load allocation[J]. Water Resources Management，1989，3（2）：129-140.

[27] Yandamuri S R，Srinivasan K，Murty Bhallamudi S. Multiobjective optimal waste load allocation models for rivers using nondominated sorting genetic algorithm- II [J]. Journal of Water Resources Planning and Management，2006，132（3）：133-143.

[28] Mostafavi S A，Afshar A . Waste load allocation using non-dominated archiving multi-colony ant algorithm[J]. Procedia Computer Science，2011，3：64-69.

[29] Richard R. Noss. THE U. S. approach to water pollution control[J]. Environment International，1984，10：217-223.

[30] Steven Wang，Thomas Stiles，Trevor Flynn. A modeling approach to water quality management of an agriculturally dominated watershed，Kansas，USA[J]. Water Air Soil Pollut，2009，203：193-206.

[31] Hulya Boyacioglu M，Necdet Alpaslan. Total maximum daily load（TMDL）based on sustainable basin growth and managment strategy[J]. Environ Monit Assess，2008，146：411-421.

[32] Novotny V . Integrated water quality management[J]. Water Science and Technology，1996，33（4-5）：1-7.

[33] Martin C D，Johnson K D，Moshiri G A . Performance of a constructed wetland leachate treatment system at the Chunchula landfill，Mobile County，Alabama[J]. Water Science and Technology，1999，40（3）：67-74.

[34] Havens K E，Schelske C L. The importance of considering biological processes when setting total maximum daily loads（TMDL） for phosphorus in shallow lakes and reservoirs. [J]. Environmental Pollution，2001，113（1）：1-9.

[35] Lemly A D. A procedure for setting environmentally safe total maximum daily loads（TMDLs） for selenium[J]. Ecotoxicology & Environmental Safety，2002，52（2）：123-127.

[36] Havens K E，Jr W W W . Development of a total phosphorus concentration goal in the TMDL process for Lake Okeechobee，Florida（USA）[J]. Lake and Reservoir Management，2002，18（3）：227-238.

[37] Mishra P K，Deng Z Q. Sediment TMDL development for the Amite River[J]. Water Resources Management，2009，23（5）：839-852.

[38] Xiyin Zhou，Kun Lei，Wei Meng. Space-time approach to water environment carrying capacity calculation[J]. Journal of Cleaner Production，2017，149（APR. 15）：302-312.

第 6 章

辽河流域排污许可证示范应用

在控制单元排污许可分配基础上，选取辽河流域清河、凡河和蒲河三条支流实施小流域排污许可证综合示范研究，根据示范研究成果，完善基于容量总量的污染源排污许可证管理，为辽河流域基于容量总量的水污染物排污许可证的全面实施奠定基础。

6.1　排污许可证制度进展

排污许可证制度是国际通行的一项环境管理基本制度，是指凡是需要向环境排放各种污染物的单位或个人，都必须事先向生态环境部门办理申领排污许可证手续，经生态环境部门批准，获得排污许可证后方能向环境排放污染物的制度[1]。其目的在于明确排污单位在污染物排放活动过程中应当遵守的规定，以实现排污单位日常生产阶段的排污行为控制。排污许可证制度是污染控制的支柱性制度，是排污权交易制度和排污总量控制制度的核心。目前，美国、日本、德国、瑞典、俄罗斯以及我国的香港、台湾地区等均已对水污染物排放行为实行排污许可证管理。

6.1.1　国外排污许可证制度

（1）美国的排污许可证制度

美国对排污许可证制度的探索开始得比较早。1970 年，美国制订了废物排放许可证计划，开始了对排污许可证制度的探索，并且经历了三次重大转变：一是从重视污染控制到实行浓度控制，二是由浓度控制到总量控制的转变，三是由“终端控制”到“污染预防”的转变。

美国的排污许可制度最早确立于水污染防治领域，起始于 20 世纪 70 年代，依据为《清洁水法》。《清洁水法》规定任何从点源向水体排放污染物的行为，无论是否会对受纳水体产生污染，都必须获得排污许可证，并遵守许可证规定的排放限制标准和污染排放时间表，否则即属违法。

美国国家环保局及州环保局为许可证发证部门，其特点及启示如下：

① 排污许可证同时满足多重标准，核心目标是改善水质。

美国排污许可证必须同时满足排放标准和水质标准以及最大日负荷总量的要求，使点源污染控制直接与水体水质改善相联系。排污许可证从基于技术的排放限值和水质标准两个层面控制点源污染排放。最大日负荷总量管理是对不达标水体进行修复前的污染分配工具，可总体考虑对不达标水体造成影响的点源和非点源，并在所有点源和非点源间进行污染负荷分配。最大日负荷总量不具有强制性，需要通过排污许可证、联邦赠款支持的自愿减排活动（如非点源污染控制）、州和地方法律及法令要求、个人和自愿的行动来控制。目前，联邦和各州已经为 7 万个受损水体制定了最大日负荷总量分配方案。

② 污水排污许可证发放由美国国家环保局和各州环保局分工合作。

美国国家环保局负责许可证事务，从许可证颁发对象上看主要负责全国船舶、建筑、雨水等一般许可证的颁发，以及所有许可申请的审查。同时，美国国家环保局授权州政府执行相关许可证发放及监督工作。截至 2015 年 8 月，全美有 46 个州和弗吉尼亚群岛获得授权，负责本地区全部和部分许可证的颁发。通常，经由州颁发的许可证或执行的项目，美国国家环保局将不再处理，但美国国家环保局必须检查由州颁发的许可证，并有权反对许可证中有同联邦要求相矛盾的内容。对于未得到美国国家环保局授权或者未得到全部许可证授权的州而言，许可证的颁发由美国国家环保局区域办公室负责。

③ 污染物覆盖范围广泛，对不同点源实施分类管理。

美国许可证管理对污染物的定义范围很广，包括排放至水中的任何类型的工业、城市、农业废弃物，分为 3 类：常规污染物（BOD_5、总悬浮固体、大肠菌群、pH、油和油脂）、有毒污染物（重金属及人造有机化合物）及非常规污染物（氨、氮、磷、COD 等）。对不同点源颁发不同的许可证，从便于管理的角度出发，分为一般许可证和个体许可证，然后根据污染物排放设施类型再进行分类管理。一般许可证无须个别申请，审批程序简单，适用于一定地理区域内具有某种共同性质的特定排污设施。具体包括雨水点源、相同或实质上相类似的行业的设施、排放同类废物或从事同类型的污水利用和处置活动的设施、对下水道污泥利用及处置要求相同排放限制与运营条件的设施、要求相同或相似监控措施的设施。个体许可证是专门适用于个别设施的许可证，它针对这一设施的具体特征、功能等规定特别的限制条件和要求。许可证有效期一般为 5 年，在许可证到期之前，排污设备运营者须申请新的许可证。

④ 许可证作为执法的重要依据，并以违法成本高为原则强制执法。

《清洁水法》第 309 条对违法排污的各类处罚作出规定。环境保护主管部门可以根据许可证中的排放监测、设施检查等内容进行跟踪，如果设施发生违反许可证限值和条款的情况，许可证管理机构可以及时发现并对违反许可证规定的行为进行纠正。根据违法行为的情况，可以追究违法企业的民事责任或刑事责任。民事执法包括美国国家环保局采取的行政处罚、司法部门代表环保局和其他部门采取的处罚、公民提起的诉讼等。

罚款按每种污染物计算，并且与按日计罚挂钩。例如，如果一个企业有 16 种污染物，其中有 7 种不合规，如果按照每种每天 2 500 美元计算，每种违法行为的罚款额度最高可达 3.25 万美元/d。民事罚款上交美国财政部，纳入国库管理。

⑤ 制定具体详细的技术导则，兼具科学性和灵活性，增强可执行性。

为落实许可证要求，美国国家环保局制定了国家污染物排放削减系统指南，分12章详细介绍了申请程序、基于技术的排放限值、基于水质的排放限值、监测与报告要求、特殊情形、内容调整、行政管理程序、实施与强制执行等内容，为企业许可证编写提供参考。基于技术的排放限值是根据技术和资金的可获得性而设立的最低出水水质要求。目前，美国国家环保局已经为钢铁等55个行业、90多个经济部门制定了排放限值导则和规范。如果排放限值导则没有要求，则其排放限值需要在许可证中基于“许可证编写者的最佳专业判断”逐个制定。关于罚款中的金额确定，专门开发了数学模型，对30多个行业制定了不同的罚款方案。

美国的 NPDES 许可证制度是世界上最完善的排污许可证制度，也是各国排污许可证制度的蓝本。

（2）瑞典的排污许可证制度实施情况

排污许可证制度在瑞典的环境污染防治管理中起到了关键及支柱作用。瑞典的排污许可证制度主要监管影响环境的工业以及其他生产消费活动，以控制对环境有影响的活动。在该制度下，只要一个项目或活动得不到排污许可证，就无法开工建设和投产运行。排污许可证的发证机关可通过限定许可证的内容，对排污行为加以限制，其限制条件与法律具有同等效力，且如有违反，就会受到严厉处罚。由此可见，排污许可证制度在瑞典的有效运行，主要得益于瑞典针对许可证制度建立的完善有效的法律制度、实施保障、监督机制等。

① 制度的法律地位高，配套制度完善。

瑞典在不断实践排污许可证制度的同时，也在不断提升该制度的法律地位。1995 年修订后的《环境保护法》，用 30 个法律条文对排污许可证制度作了详尽的规定；1999 年，更名后的《瑞典环境法典》对排污许可证制度作了更全面、更严格的规定，建立起了系统、完善的排污许可证制度，也确立了该制度的基本法律地位。

通过配套法律的完善，瑞典的排污许可证制度在环境质量标准制度、环境影响评价（简称“环评”）制度、环境监管制度、环境补偿和赔偿制度及环境保险制度等的配合下，做到了对污染物排放的事前、事中及事后的管理，以保证排污许可证制度成为瑞典最重要的环境管理制度。

② 诉讼、裁决机构权威有效

如果说法律和制度规定确立了排污许可证制度的权威性，瑞典的环境法庭则在执法手段上保证了制度的有效实施。瑞典设立了国家环境最高法庭、区域环境法庭等，专门审理环保案件，监督法典的执行。而环境法庭的设立，使得专业性特别强的环境审判业务由精通环境法的法官专职审理，最大限度地保障了环境司法的公正和判决的准确。同时，为了及时有效地制裁环境违法行为并与环境行政执法相衔接，《瑞典环境法典》规定了“环境罚金”制度，明确规定“无须经过环境法庭即可由行政执法监督部门对违法者处以确定数额的环境罚金”。

③ 综合许可、全过程管理

瑞典对企业主要采用环境综合排污许可的管理制度，全面控制和防止企业对大气、水和土壤等的污染。与我国按污染物种类分类管理不同，瑞典把需要申请排污许可证的活动按照行业性质进行了详细分类，并按照对环境影响的大小将不同活动分归不同行政级别的部门进行管理。具体实施时，根据企业需求从改扩建开始，通过环境影响评估等活动，主动向相关部门提供其活动对环境无不利影响的举证，以获得政府颁发的排污许可证，从而保证企业从建设阶段就能够得到对其环境行为的监督管理。

为保证排污许可条件符合现实情况，瑞典在确定企业的环境污染物排放限值时，会结合总排放评估和生物体（受体）评估结果，并综合考虑国家及区域环境质量目标、标准以及技术的环境影响、成本等因素，来判定相关活动对周围环境的实际影响（可接受的污染物排放限值以及流域污染物排放负荷等）。

④ 覆盖全面的监管体系

为保障排污许可证制度实施的可持续性，瑞典逐步建立了成熟有效的管理部门、社会和企业全面参与的监督与自我监督机制。在排污许可证发放后，环境主管部门通过实时监控、定期审核等手段保持对企业的监控，并通过社会充分参与的环境听证会、个人诉讼等机制，广泛发动公众力量参与监管。此外，严格的监督惩罚制度，也使企业能自觉地开展日常的自我监督，以确保排污行为符合相关规定。

⑤ 推动先进技术应用，确保环境管理可持续

瑞典意识到环境友好（先进）技术的应用对环境管理可持续性和工业经济利益推动的重要性，因此在审核企业信息时，对企业应用技术的排污控制效果考核非常重视，尽量参考先进技术［如政府间气候变化专门委员会（IPCC）颁布的最佳可行技术清单］的环境效果。但这并不意味着瑞典强制企业应用某项技术，仅是通过现有清单中最佳可行技术应用的环境效果来考核企业拟采用技术的可行性。而这在客观上对企业采用先进技术起到了推动作用。正是由于排污许可证制度对先进技术应用的客观促进，瑞典的制浆造纸行业采用的技术至今仍处于国际领先地位，并在相关领域多年保有可观的市场份额。

6.1.2 我国排污许可证制度

排污许可证制度是我国环境管理“八项基本制度”之一，是指凡是需要向环境排放

各种污染物的单位或个人提出申请，当地政府及生态环境主管部门以改善环境质量为目标，以污染物总量控制为基础，依照相关法律法规的规定，核定排污单位排放污染物的种类和数量等，核发排污许可证、临时排污许可证排放种类、排放总量和条件排放污染物的制度。

排污许可证制度在我国主要针对工业企业进行末端排污管理，其最早应用是与水污染物达标排放制度相结合。随着工业的急速发展，在多项污染物的排放量单项均达标排放的情况下，污染物排放总量接近甚至超过了环境容量。为阻止环境状况的急剧恶化，这一制度在实施不久后，即与总量减排措施相结合，逐渐成为污染物总量减排管理的手段之一。

1984 年颁布的《水污染防治法》第 14 条规定：直接或间接向水体排放污染物的企事业单位，应当按照国务院环境保护部门的规定，向所在地的环境保护部门申报登记拥有的污染物排放设施、处理设施和在正常作业条件下排放污染物的种类、数量和浓度，并提供防治水污染方面的有关技术资料。这实际上就是排污许可证制度的雏形。

我国于 1985 年在上海率先试点实施，1987 年排污许可证制度作为一项新的环境管理制度开始在部分城市试行。1988 年 3 月，我国下达了以污染物排放总量控制为核心的《水污染排放许可证管理暂行办法》，正式确立了排污许可证制度与总量控制制度的关联性。尽管 1989 年排污许可证制度被列为我国环境污染防治政策体系的核心“八项制度”之一，由于法律、管理定位以及经济与环境利益的冲突等问题，排污许可证制度在我国的发展至今仍然有限。从 1996 年开始，国家正式把污染物排放总量控制政策列入“九五”期间的环保考核目标。2003 年国家环保总局启动了《排污许可证管理条例》立法工作。

2014 年，新《环境保护法》增加了“国家依照法律规定实行排污许可管理制度”的内容，而后公布了《排污许可证管理暂行办法》征求意见稿。

目前我国 31 个省、自治区、直辖市中，已有 20 多个省（直辖市）专门针对排污许可证制度制定了暂行办法或暂行规定，如 2010 年实施的《浙江省排污许可证管理暂行办法》、2011 年实施的《江苏省排放水污染物许可证管理办法》和 2013 年实施的《甘肃省排污许可证管理办法》。截至 2015 年年底，我国环保部门已累计向 20 多万家企业颁发了排污许可证。虽然颁发了排污许可证，但是一直属于“纸上谈兵”阶段，并未真正地贯彻下去。究其原因，是许可证制度定位不明晰、制度不衔接、监管不到位，存在制度缺陷与技术难点，难以有效地管控排污单位的环境行为。

自 2016 年开始，环境保护部开始进行排污许可证的顶层设计和相应改革。2016 年 11 月 10 日，国务院办公厅印发《控制污染物排放许可证制实施方案》，其中明确到 2020 年完成覆盖所有固定污染源的排污许可证核发工作，控制污染物排放许可制，实现“一证式”管理。根据方案将分行业推进排污许可管理，逐步实现排污许可证全覆盖。随后，环境保护部发出通知，全面部署实施工业污染源全面达标排放计划，要求做好与排污许可改革的衔接工作。先对火电行业、造纸行业企业核发排污许可证，2017 年完成《大气污染防治行动计划》和《水污染防治行动计划》重点行业及产能过剩行业企业排污许可证核发，2020 年全国基本完成排污许可证核发工作。

随着国务院印发《控制污染物排放许可制实施方案》（以下简称《实施方案》），排污许可证制度将成为固定源环境管理的核心制度。

为落实《实施方案》相关要求，加快推动实施控制污染物排放许可制，生态环境部发布了《排污许可证管理暂行规定》（以下简称《规定》）。《规定》是全国排污许可管理的首个规范性文件，依据《环境保护法》《水污染防治法》《大气污染防治法》《行政许可法》等法律和《实施方案》的要求，从国家层面统一了排污许可管理的相关规定，主要用于指导当前各地排污许可证的申请、核发等工作，是实现 2020 年排污许可证覆盖所有固定污染源的重要支撑，同时为下一步国家制定出台排污许可条例奠定基础。

6.2　排污许可证实施步骤及技术要点

6.2.1　排污申报登记

排污申报登记是一项法律规定的管理制度，也是排污许可证制度的重要组成部分和不可缺少的基础工作。其主要任务是搞清排污现状与排污规律，作为分配排污负荷、确定污染物削减量和削减措施的前提和依据。

申报登记对象：辖区内所有直接或间接向环境排放污染物的企事业单位及个体经营者。申报范围为实施排污许可证的单位，包括：①直接或间接向水体排放工业废水和医疗污水的排污单位；②规模化畜禽养殖场；③城镇或工业污水集中处理单位；④其他按照规定应当取得排污许可证的排污单位。

申报登记内容：单位基本情况；生产工艺设备、原材料产品、污染物排放处理设施；污染物排放种类、数量、方式、去向等。

申报登记审核汇总：①各地生态环境主管部门负责对辖区内申报登记数据进行审核、汇总和分析评价，对排污单位实施统一的监督管理，定期进行检查和抽测，并实行申报登记年审制，建立污染源动态管理档案，为实施排污许可证制度打下坚实的基础；②分析排污申报登记与环境统计差异情况，所申报的范围是否有漏报、瞒报等情况，根据平时环境管理与监理中掌握的情况，分析污染源的监督性监测结果，结合重点污染源每年的《全国排污申报登记与变更申报年检表》进行重点审查，不符合要求的需要排污单位重新填报，并根据相关的法律条款对其进行处罚。

6.2.2 调查与分析

（1）主要污染源调查与分析

分析影响环境质量恶化和污染物超标的主要原因和主要污染源，此过程是实施排污许可证制度的基础工作。

区域环境质量的恶化有多种原因，不仅有工业源，还包括生活源、农业源、交通源等。因此，开展区域的排污总量控制和实施排污许可证制度的一个基础工作是分析区域环境污染的主要污染源类型，抓住对环境质量影响较大的、可供削减量大的、污染治理技术可行的重点污染源。这样有的放矢，总量的削减不仅包括了工业源的削减，同时带动了生活污染的集中治理等，有利于促进经济发展和总量控制，实现改善人民生活质量的根本目的。

在进行污染源类型分析时，如果生活污染源或其他源所占比例较大，就是所有工业污染源控制了也不能根本解决环境质量问题，城市（城镇）的生活污水处理、实施排污总量控制的城市综合治理措施。

（2）本区域内重点污染源的确定

本区域内重点污染源按等标污染负荷加以确定：

① 确定区域内排污量的基数。

在目前未掌握全区域排污总量的情况下，以已完成的申报登记及变更申报登记为基础，通过对已进行排污申报登记的单位进行核实，根据对污染源监督监测、监理等工作所掌握的排污单位情况，对其申报登记数据进行检查，看是否有瞒报、错报、漏报等问题并通知企业进行纠正。对申报登记以后的新建、扩建、改建污染源进行补报，对已破产、停产的排污单位及时申报并核实。因此充实和完善排污申报登记工作，是实施排污许可证制度的一项重点基础工作。

② 根据国家规定的排放标准，计算区域内每个排污单位的各种污染物等标污染负荷量（即污染物排放量与排放标准之比）。

③ 计算每个排污单位的等标污染负荷量（即该排污单位排放的所有污染物的等标污染负荷量之和）。

④ 计算区域内的等标污染负荷量（即区域内所有排污单位的等标污染负荷量之和）。

⑤ 计算区域内每个污染源等标污染负荷量的比值（即每个污染源等标污染负荷量与区域内的总等标污染负荷量之比）。

⑥ 将区域内排污单位的等标污染负荷之比值由大到小依次排列，并将比值依次叠加，将叠加的比值达到80%以上（含80%）的排污单位确定为重点污染源。

（3）确定实施排污许可证控制的污染因子

由于现行的环境管理、监测、监理能力有限，不可能对所有污染物都实施总量控制，因此在实施排污许可证制度中需要选择重点控制的污染物，其选择原则如下：

① 根据环境质量评价结果，主要超标或接近标准的污染物。

根据现状环境质量监测结果，对比相应环境功能区的环境质量标准，判断污染物是否超标，列出已超标的污染物和接近标准值的污染物作为实施总量控制和排污许可证控制的主要污染物。

② 主要水污染物。

主要污染物为 COD 和 NH_3-N。

③ 排污单位行业特征的主要污染物。

不同的行业所排放的污染物区别较大，根据有关法律法规的规定，要求排污单位所排污染物必须达标排放，但前提是所排污染物必须是有排放标准和监测方法的污染物。在确定排污单位需要控制的污染物时，根据排污单位行业性质，确定实施排污许可证控制的主要的特征污染物，如磷肥厂的氟化物、盐矿的氯化物、电镀厂的六价铬等，关于各种行业所排放的特征污染物可在《环境统计手册》《环境影响评价技术导则》等资料中查到。

④ 计算污染等标负荷，确定主要污染物和重点污染源。

在排污申报登记、核实、污染监测结果的基础上，根据国家规定的有关污染物排放标准，计算区域内每种污染物（已申报登记的污染物）的等标污染负荷，按大小顺序排列后取 80%以上的污染物作为重点控制的污染物。

⑤ 其他根据当地环境问题所需要控制的污染物。

包括对地表水、地下水等污染影响较严重的污染物；有毒有害、难降解，在环境中蓄积可造成潜在影响的污染物（重金属、苯胺等）等。

（4）确定实施排污许可证的范围

本次示范许可的主要污染源为蒲河、清河和凡河流域的重点污染物，即 COD 和 NH_3-N。实施排污许可证的范围为 3 个流域内的重点污染工业源和污水处理厂。

6.2.3　排污许可证申请

（1）告知

对于已确定列入实施排污许可证范围的排污单位，由市生态环境主管部门通知排污单位所在地县（市、区）级生态环境部门及排污单位，或由县（市）级生态环境主管部门通知排污单位。主要采用书面通知形式，还可配套采用新闻媒体、网络等形式，通知各个排污单位在指定时间进行申报。

（2）排污许可证申请

排污单位根据自身行业分类和污染排放情况，通过排污许可证管理系统自行注册和完成排污许可证申请，并按照排污许可证申请要求准备相关材料（图 6-1）。

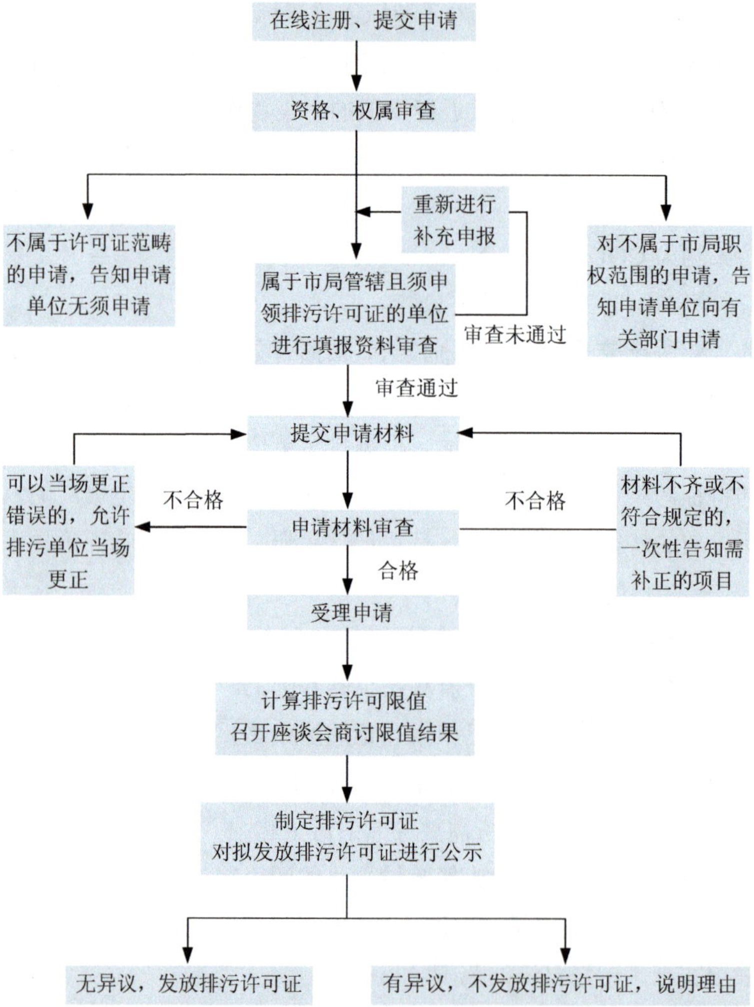

图 6-1　排污许可在线注册、申请、审核流程

① 对不属于许可证范畴的申请，告知申请单位无须申请；对不属于市局职权范围的申请，告知申请单位向有关部门申请。

② 填报资料通过市局审核后，完成申请；未通过审核，排污单位须修改完善填报资料，重新提交申请，直至通过审核，完成申请。

③ 申请结果通过排污许可证管理系统告知申请单位，请申请单位及时查询。根据已确定列入实施排污许可证范围的排污单位，由地市生态环境主管部门通知到排污单位所在地县（市、区）级生态环境主管部门及排污单位，到当地生态环境主管部门领取《排污许可证申请表》。

（3）申请单位申请原则

① 在排污申报登记的基础上，全面分析本单位排污现状，据此作为排污指标申请的背景值；

② 根据本单位生产经营发展情况和污染防治计划，预测近期（一般为 5 年）内所需排放的污染物种类、浓度、数量以及排放方式和去向；

③ 现有排污单位一般按不超过现状达标排污水平申请排污指标，工艺设备落后、管理水平低下、缺乏治理措施的，应在治理达标基础上申请排污指标；

④ 在环境质量已超标、没有排污总量等的特定区域，可以考虑经批准同意后通过互相调剂、有偿转让、向区域污染集中控制设施投资等方法进行排污交易后申请排污指标；

⑤ 扩建和改建的建设项目，按照“以新带老”的原则，在对本单位老污染源治理削减污染物排放的基础上申请排污指标，无法内部平衡的，按上述第④条申请排污指标；

⑥ 申请的污染物种类一般与排污申报登记的污染物一致，原则上无正当理由，不增加排污指标，若环保部门另行规定的则按规定申请；

⑦ 各排污单位的排污口废水排放浓度应在对生产周期连续监测或长期监测、积累数据并掌握排放规律的基础上申请。

6.2.4　排污许可证申请的审核

（1）受理审核

生态环境主管部门收到排污单位的申请材料后，经审查，当事人提交的申请材料齐全，符合要求，生态环境主管部门应当予以受理；当事人提交的材料不全或者形式、内容不符合要求的，应当当场或者在五日内向当事人出具《补正申请材料通知书》，一次性告知其需要补正的全部内容。

（2）审核内容

按照排污许可证申请表填报说明和要求对申请表进行审核，检查数据是否前后对应、平衡，逻辑是否合理，计算是否有误，其中应侧重审核排污现状、污染防治措施和生产经营发展情况，检查核对排污状况有无突变，其原因是什么，最终核定其排污指标申请与总量控制目标规划和总控制分期目标分配结果之间的关系。

（3）审核依据

原则性依据为：

① 申请单位近期的生产经营发展计划；

② 申请单位的排污申报登记、变更申报情况和自测数据台账；

③ 申请单位治理污染设施的管理台账；

④ 申请单位近期（一般为 5 年）内污染防治计划；

⑤ 申请单位的建设项目环境影响报告书（表）、竣工验收监测报告；

⑥ 历年的环境统计资料、重点工业污染源排放状况报表等；

⑦ 本区域内总量控制目标及功能区要求；

⑧ 环境质量例行监测及污染源监督性监测数据及超标情况；

⑨ 国家产业政策及行业有关规定；

⑩ 地方的有关排放标准；

⑪ 物料衡算方法及有关的排污系数。

指导性依据为：

① 建设项目已通过环境保护竣工验收（试生产、试运行项目除外）；

② 具有保证达到允许排放限额的污染防治设施或者清洁生产措施；

③ 工业企业有经验收合格规范的排污口；

④ 国控重点监控企业应依法安装自动监控装置，并与环保部门联网；

⑤ 涉危（危险源）企业有应对突发环境事件的应急预案和设施；

⑥ 排放污染物的种类与数量符合允许排放限额的要求；

⑦ 法律、法规、规章规定的其他条件。

城镇污水集中处理设施、工业废水集中处理设施的运营单位申请领取排污许可证，除应当具备上述所有条件外，还应当具有污水处理厂运营资质。

（4）审核期限

受理水排污许可证的申请后，应当于 30 日内作出决定。依法需要公示、听证、监测、鉴定和专家评审的，所需时间不计算在上述期限内。

6.2.5 排污许可证允许排污量核定

国家实行排污许可管理制度和污染物总量控制制度，无论哪个制度的有效执行，均需要一个排污单位和环境管理部门共同认定、符合环保要求的污染物排放量确认方法，确认污染物排放量。排污单位自查自控污染物排放量，生态环境主管部门有效监管企业污染物排放量。

（1）排污许可证允许排污量核定基本原则

① 全面达到排放标准。

根据国家现行的排放标准折算总量指标，确定允许排放量。

根据排污单位所处的功能区，根据该功能区的排放标准类别及行业允许排污量，核定达标排放允许排污量。

排污许可企业污染物最大允许排放量需保证不大于已发排污许可量、环评批复量、现状排放量等，并满足行业污染物排放标准的达标排放量。

② 分期削减排污量。

对区域内或流域内污染源达到排放标准，但环境质量仍超标严重、环境容量尚未清楚、总量控制指标不够用的地区，要在“冻结”原有排放总量的基础上分年度削减（削减比例按总量控制有关要求执行），凡环境质量超标的污染物不允许增加排污量，并且必须采取各项措施逐年减少排污量。

③ “容量总量”及“目标总量”区别控制。

各企业污染物排放总量满足所在功能区及各区域水环境容量总量要求；以控制单元为最小排污许可管理单元，保证控制断面水质达标或使控制单元边界水系水质达到水功能区划标准。

④ 根据国民经济发展计划，在分配污染物排放总量时，应考虑为今后的发展留有剩余指标。

⑤ 根据国家产业政策已规定在限期内需要淘汰的工艺、规模等行业，在审核时排污许可证允许排污量只能核到国家规定限期内的排污量。

（2）排污许可证允许排污量核定框架

环境保护部发布的《排污许可管理条例》规定，排污许可证应当记载污染物排放种类、许可排放浓度、许可排放量等信息。我国当前排污许可限值的核定方法，一是按照现状排放量给定。根据生态环境主管部门提供的各类统计数据，核定现状排放量，结合削减技术，给定排污许可限值。二是按照目标总量给定。由环保部门制定目标总量，之后分配给各单位，进行排污许可限值的给定。三是按照环境影响评价、“三同时”验收时的量值给定。工厂企业在运行之前一般都会进行环境影响评价，参考环评中的量值进行排污许可限值的给定。四是按照排放标准给定。国家对很多行业都制定了排放标准，排放标准对排放浓度作出了规定。排放总量的确定主要采用前3种方法，而浓度限值的确定主要参照排放标准进行制定。

根据《辽宁省2015年排污许可证核发和管理工作方案》，排污许可量核定的基本原则和方法原则按照国家、省现行污染物排放标准执行限值、排污单位在最大设计生产规模正常生产条件下核定，根据环境影响评价文件及批复、项目竣工环保验收等数据进行校核，并根据排污单位所在地区、所属流域环境质量达标情况、排污单位减排潜力，下达重点污染物排放总量控制削减指标，确定排污单位总量控制指标并核发排污许可证。对环境影响评价文件及批复、项目竣工环保验收有更严格要求的，原则上以该要求为准。排污单位有多个排污设施的，应对各排污设施逐一核定许可排污量。

美国在《NPDES许可证编写者指南》中明确了确定排污许可限值的几个步骤：调查申请企业情况并确定企业所适合的行业和子行业，然后对应到适用的排放限值指南，而后考虑多重限值需求，如企业是否增减产、有无排污处理设施的改变计划等，最后计算确定限值。

本书在基于容量的排污许可限值核定技术的基础上，结合我国生产发展现状，在国家和辽宁省颁布的排污许可相关管理办法的指导原则下，制定如图 6-2 所示的基于技术的排污许可限值计算流程。

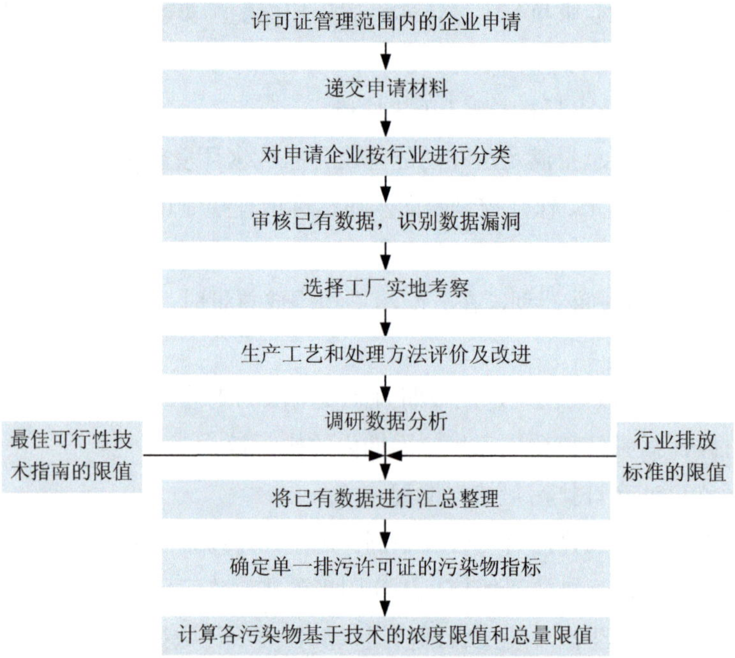

图 6-2　排污许可限值确定技术流程

我国针对不同的行业类别，分别制定了不同的污染物排放标准和最佳可行性技术指南。其中，不同行业的排放标准有 60 多个，不同行业的最佳可行性技术指南有近 30 个。排放标准直接指定企业的污水排放限值浓度，不考虑受纳水体和企业自身情况。最佳可行性技术指南根据不同需求设计不同处理水平的污水处理工艺，以及经过这些工艺处理后，所能达到的污染物削减百分比或者污染物出水浓度。现阶段基于技术的排污许可限值的确定主要参照上述标准和技术指南。为了恰当使用这些标准和技术指南，必须首先确定申请企业所属的行业类别，若根据地方规定实行地方污水排放标准，则需按照地方标准的规定来执行。

（3）排污许可证允许排污量核定步骤和方法

① 数据收集、审核与分析

在排污许可证发放工作开展的前期需要进行相关数据的收集，以对企业进行深入了解，为计算限值做准备。以铁岭地区为例，其数据主要源自环评数据、企业调查表数据、环境统计数据和污染排放监测数据等。环评数据是指环评报告中关于生产和排污的数据，其中，排污数据是对未来企业生产排污情况的预估，与企业现在生产排污情况相比一般偏小。环评报告书一般代表报告书撰写时期，企业的最佳处理排放水平。环境统计数据和监测数据是常规的环境统计方式，统计周期固定，采用自下而上、层层上报的方式进行数据汇总。环统数据是将众多企业汇集在一起，进行行业总结、归纳、比较的有效方式，环统数据涉及了“企业所在地经纬度、组织机构代码、工业总产值、主要产品生产情况、能源使用情况、污染物产生量、污染物排放量、环境管理情况等”在内的约700 个指标，涵盖了现有常规污染指标及相关联信息。在线监测数据是对企业排污情况进行实时、动态监测的数据，是准确性较高、具有说服力的数据。数据在使用前，需按照《水污染源在线监测系统数据有效性判别技术规范（试行）》（HJ/T 356—2007）的规定，对无效数据进行剔除。

在获取这些数据之后，要有针对性地选取代表性企业进行企业实地考察，着重考察企业的生产工艺和污水处理工艺。排污口现场采样是针对需要监管的项目进行水质分析，若水质超标严重，提出可行的处理工艺改进措施。

② 数据汇总和限值计算

a. 污染物指标的确定

污染物指标的确定主要参照《水污染物排放总量监测技术规范》（HJ/T 92—2002）（以下简称《规范》）中的水污染物排放总量监测项目确定监管指标，《规范》中明确规定了总量监测的必测项目和选测项目。由此作为参照，将监测项目作为监管指标，排污许可证制定的总量限值由总量监测来监督执行。一般来说，《规范》中的必测项目是必须监管指标，选测项目根据实际监管需求决定是否需要监管。同时可参考相应的行业排放标准，对指标进行补充或删除。各污染物指标均需进行浓度限值的核定。现阶段各企业的排污许可证以 COD 和 NH_3-N 为主要监管指标，由于 COD 和 NH_3-N 是国家污染减排控制指标，因此，二者必须制定总量限值。此外，还需根据行业特征，选定其他需要核定总量限值的项目。

b. 限值的确定

浓度限值的确定：现阶段的浓度限值只有最大浓度限值一种类型。浓度限值的确定主要依据排放标准，排放标准大多针对两种不同的排污去向，排入污水处理厂或处理后直排，制定两种不同的最大浓度限值。一般情况下，有地方污水综合排放标准的优先执行地方标准，没有地方标准的执行行业排放标准或国家污水综合排放标准。

排放量限值的确定：排放量限值类型包括日最大排放量限值和年排放量限值两种。排放量限值的确定要在各类数据（如企业的生产周期、日排水量、年排水量、各污染物排放浓度的变化范围、行业排放标准浓度限值、主要的污染处理措施等）的基础上综合分析确定。在企业以往排污数据不达标的情况下，直接取最大浓度限值与年排水量乘积作为年排放量限值。在企业排污基本达标的情况下，若直接取最大浓度限值与年排水量的乘积作为年排放量限值，则不利于实现污染减排和水质改善，因此，采用所有监测数据的平均值作为计算依据。年排放量限值计算公式为

$$L_y = \frac{T \times \rho}{10^6} \quad (6\text{-}1)$$

$$\rho = \frac{\sum_{i=1}^{n} X_i}{n} \quad (6\text{-}2)$$

式中，L_y —— 年排放量限值，t；

T —— 年排水量，m^3；

ρ —— 长期平均质量浓度，mg/L；

X_i —— 第 i 天 COD 的监测值，mg/L；

n —— 监测值个数。

年排水量一般可从环评报告中获取，但若无法获取，或者环评数据与排放现状相差较大，则需从其他途径获取，如日排水量及生产周期。也可在得知企业各产品年产量的前提下，根据排放标准中单位产品基准排水量计算年排水量，具体公式为

$$T = S \times P \quad (6\text{-}3)$$

式中，S —— 单位产品基准排水量，m^3/t；

P —— 产品年产量，t。

在已知年排放量限值的基础上，可根据企业日排放量波动性，建立日排放量与年排放量日均值的比例系数，利用该系数将年排放量限值转化为日最大排放量限值：

$$L_{\mathrm{d}} = \beta \times \frac{1\,000}{365} \times L_y \quad (6\text{-}4)$$

式中，L_{d} —— 日最大排放量限值，kg；

β —— 日最大排放量限值与年排放量限值日均值的比例系数，量纲一，其确定方法参照式（6-5）～式（6-7）。

$$C_V = \left[\frac{1}{n-1} \sum_{i=1}^{n} \left(\frac{X_i}{\rho} - 1 \right)^2 \right]^{0.5} \quad (6\text{-}5)$$

$$\sigma = \left[\ln\left(C_V{}^2 + 1 \right) \right]^{0.5} \quad (6\text{-}6)$$

$$\beta = \mathrm{e}^{1.646\sigma - 0.5\sigma^2} \quad (6\text{-}7)$$

式中，C_V —— 变异系数，可衡量样本的变化程度；

σ —— 来估计样本的变化差异状况。

6.2.6 审批发证

（1）发证条件

① 排污单位排放的污染物必须达到国家或地方排放标准；

② 排污单位已完成排污申报登记；

③ 建设项目环境影响报告书（表）经批准并已竣工验收合格；

④ 排污单位内部有较完善的环保管理规章制度和考核奖罚制度；

⑤ 污染治理设施管理台账或记录齐备；

⑥ 对排污量超过允许量的企业需要进行污染治理，上报污染治理方案，要求技术可靠、经济可行，相关防治资金得到落实；

⑦ 排污单位的排污口符合当地《排污口规范化整治技术要求》；

⑧ 按国家规定缴纳排污费。

（2）发证原则

① 一致性

排污单位申请的排污指标应与要求控制的污染因子相一致。单个排污单位在局部地区所排污染物毒性大、影响大的特殊污染物除外。

② 阶段强制性

排污许可证注重于排污行为程度的许可，由于不同阶段环境目标的不同，总量控制管理目标的要求也有所区别，随着污染防治技术的改进和提高，对排污单位排污行为的许可程度也随时限变化而变化，具有明显的阶段性，而且这种阶段性带有强制性，可根据情况强制性要求削减比例或总量。

③ 协同性

审批排污许可证，环境管理部门要进行多次循环往复的协调。排污单位因特殊原因申请的排污指标突变较大，在不突破总量控制目标的前提下，对总量规划分配方案进行修正。

④ 稳定性

正式排污许可证中对企业规定的排污指标将具有长期稳定性，在国家或地方排放标准没有改变、企业生产或经营规模没有改变、主要工艺设备和治理设施没有改变时，排污指标一旦分配并核批给排污单位，无特殊原因，在许可证有效期限内不应轻易改变。但随着总量控制阶段的深入和环境目标的改变，排污单位的指标应进行修正。

⑤ 公开性

颁发排污许可证，应将审批原则和结果公布于众，以求得排污单位和社会各界的支持使排污许可证具有权威性；使排污单位清楚认识到本单位是因何被列入实施排污许可证范围，以及被控制的排污行为。

（3）审批权限

① 省生态环境局负责下列排污单位《排污许可证》和《临时排污许可证》的审批和发证：

a. 由省生态环境局确定的省级重点污染源；

b. 由国家或省环境保护局负责审批管理的建设项目；

c. 造成环境影响跨地（市）州级行政区，且相关地区不能协商解决的排污单位。

② 市级生态环境主管部门负责由省环境保护局审批和发证的排污单位的允许排放量核定，除省生态环境局审批发证外的其他排污单位的审批权限，由市级生态环境主管部门自行确定。

③ 上级环境保护行政主管部门可将其负责审批发证的排污单位委托下级环境保护行政主管部门审批和发证。上级环境保护部门可更正下级环境保护行政主管部门不适当的审批发证。

（4）审批原则

① 排放污染物符合国家或地方规定的排放标准和排污总量控制指标的，予以批准发放《排放污染物许可证》；

② 对因排放污染物超过国家排放标准或地方排放标准或总量控制指标而被责令限期治理的，予以批准发放《临时排放污染物许可证》；

③ 对排放污染物超过国家或地方规定的污染物排放标准或排污总量控制指标的，经限期治理排污仍未达标的不予批准发证；

④ 对国家和辽宁省产业政策中明令禁止、淘汰、取缔等的工艺和设备，不予批准发证。

6.2.7 排污许可证

排污许可证是经核发许可证部门与企业达成的排放许可的契约文书。排污许可证应当分正本、副本、电子证照，正本内容与现行排污许可证内容基本一致，而副本内容更全面地体现了行业排放的特点。电子证照除保存正本、副本的电子信息外，还应当包括企业的一些日常监管记录。原则上，排污许可证应载明和规定项目建设期间、试运行期间以及正式投产运行后的全部环境管理要求，内容主要包括以下 7 个方面：

（1）许可证和企业基本信息。排污许可证以企业为单元进行申报、发放和管理。许可证中需要载明该许可证编号；持证的排污单位名称、生产经营场所地址、企业营业执照注册号；排污单位的法定代表人（主要负责人）、法人代码等法人相关信息；发证机关、发证日期及有效时间等。

（2）生产工艺和排污装置。对企业的主要生产工艺和总体生产流程进行简要描述。对企业中产生和排放水污染物、大气污染物、固体废物和噪声的所有装置，逐一描述其型号、规模、产生和排放污染物的种类、所用的治污设施等。对于新建、扩建、改建项目，还要描述建设期的主要生产设备和排污装置。

（3）对生产、排污行为的许可和要求。排污许可的内容包括允许企业排放的污染物种类、浓度、数量、时限和去向。针对企业的每一个排污设备或排放口，给出不同污染物的排放浓度许可限值和去向，并载明许可的依据；针对企业整体，给出主要污染物排放总量的许可限值和排放时限要求，并载明许可的依据；对于企业的固体废物处理处置、无组织排放管理、噪声管理，载明总体管理要求；对于法律法规中明确提出的，适用该企业的原燃料品质、储存、运输及使用要求，以及污染防治设施运行及管理要求，也要在排污许可证中进行载明。对于新、扩、改建项目，也需要在排污许可证中载明对建设期和试运行期的排污许可要求。

（4）自行监测要求。在排污许可证中要载明对企业自行开展污染物排放人工监测和在线监测的具体要求。包括监测点位、监测的污染物、监测频率、监测方法及其他要求；在线监测设备的数据收集、设备维护等要求；对于与污染物排放控制相关的原燃料品质、主体设备及治污设施运行情况等信息的监测和数据收集要求，以及上述数据的收集、整理和保存要求。

（5）排污情况的报告要求。排污许可证中要载明对企业向监管部门进行排污情况报告的具体要求。包括日常报告及阶段性（季度、年度等）许可证执行情况报告的频率、方式和报告内容；异常情况（故障、治污设施停运或不正常运转、突发事件等）报告的方式和报告内容。

（6）应急预案要求。在排污许可证中载明对应不同程度的重污染预警以及突发事件发生时，该企业生产和排污行为的应急处理要求以及对应的污染物排放浓度许可限值。

（7）法律责任。在排污许可证中载明对应不同程度、不同原因的超证排污和违证排污，持证的排污单位及其法定代表人（主要负责人）的法律责任，以及对于未按照排污许可证载明的自行监测要求和报告要求进行监测和报告的，或篡改、伪造数据的责任人的法律责任。

6.2.8　证后监督管理

（1）监督管理任务

各市和县级生态环境主管部门依照相关要求和已批准的许可证实施方案与总量控制计划，负责当地持排污许可证单位（以下简称持证单位）的日常监督管理，省生态环境主管部门负责对辖区内持证单位进行抽查性监督管理。

证后监督管理是实施排污许可证的重要环节，也是检验实施总量控制成效的必备手段。其主要任务是采用监测计量、排污总量审核、考核奖惩等方式，运用法律、行政和经济手段，对排污单位的排污行为进行系统有效的监控，从而使总量控制和排污许可证制度发挥应有的作用。同时，监管内容要如实记录在排污许可证综合管理平台，以便生态环境主管部门及企业进行查看。

（2）监督管理内容

① 对污染源、地表水环境进行例行和随机监测，监测获取必要的数据。

② 排污单位以月报、季报、年报等形式定期上报排污状况、治理设施运转、污染物削减状况。

③ 核定总量、分析污染源排污和控制区域污染物总量控制污染；依据监督监测和总量核定结果对排污单位进行许可证管理。

④ 实行排污申报登记和排污许可证年检制，实施排污许可证的企业每年按时填报《排放污染物许可证年检表》，同时上报分排污口的过录表。

⑤ 生态环境主管部门与当地工商行政管理部门实施年检联动制度。每年在 12 月 20 日前，生态环境主管部门必须将已纳入实施排污许可证制度的单位名单报至工商行政管理部门。

（3）监督管理职责

① 各级环境保护局的主要职责

a. 组织编制排污总量控制和排污许可证制度实施方案，编制分期计划，编制持证单位年度监测计划，并监督实施；

b. 开展排污单位的排污申报登记、变更登记和排污许可证的日常管理工作；

c. 实施排污许可证年审制度，由审批发证的生态环境主管部门负责排污许可证的年审工作，每年年底之前组织完成排污许可证年检工作，并将持证单位名单报工商行政管理部门，在工商行政管理部门次年的《营业执照》年检中实行联动检查制度；

d. 组织编制并发布本辖区污染源排污状况报告；

e.《排放污染物许可证申请审批表》《排放污染物许可证》和《临时排放污染物许可证》由省生态环境管理部门统一制定。

② 各级生态环境管理部门所属环境监测站的主要职责

a. 具体实施完成上级生态环境主管部门对本地区持证单位的排污状况进行不定期现场抽样监督性监测和持证单位委托监测的任务，建立污染源排污监测档案；

b. 对排污单位的申报监测结果及排污许可证实施情况进行审核，对有异议的数据进行抽测，对排污单位安装的连续自动监测仪器进行质量控制；

c. 向生态环境管理部门报告实施排污许可证单位监督监测结果，提交排污单位经审核合格后的监测数据，供生态环境管理部门作为执法管理的依据。

③ 各级生态环境管理部门所属的环境监理部门的职责

a. 每年完成上级环境保护管理部门所下达的污染源现场监理任务；

b. 对持证单位进行现场检查，对持证单位的排污去向以及治理设备、连续自动监测仪器等运行情况进行现场监督检查；

c. 现场检查由两人或两人以上进行，应出示政府颁发的行政执法证件，建立持证单位监理档案，建立信息反馈系统。

④ 持排污许可证单位的职责

a. 排放污染物种类、方式、去向、时间和允许排放量等应符合《排放污染物许可证》和《临时排放污染物许可证》的规定。

b. 按当地生态环境主管部门的规定整治或设置规范化排污口，设立统一标志和编号，应具备计量条件。

c. 本单位的环境监测机构负责对本单位排放污染物状况和防治污染设施运行情况进行定期监测，建立污染源监测档案，对污染源监测结果负责，并按规定向当地生态环境主管部门定期上报排污状况。没有设立环境监测机构的单位可委托有资质的监测站进行监测。

d. 有条件的持证单位应按要求安装自动连续监测设备，所安装的监测设备必须经国家环境保护总局质量检测机构的考核认可。排污监测设施一经安装，任何单位和个人不得擅自改动，确需改动的必须报原批准安装的生态环境主管部门批准。

e. 每年按时参加年检，并按要求提供相关材料。

⑤ 监督性监测要求

实施排污许可证制度的关键是发证后的监督管理，监督性监测是非常重要的监督手段，也是量化管理的必要措施，监测数据为环境管理提供科学依据。每年由生态环境主管部门向下级环境监测站下达监督性监测计划。

⑥ 监督性监测原则

a. 到任何排污单位进行监督性监测，事先不得以任何方式通知排污单位；

b. 排污单位的监测按国家环境保护总局有关的监测技术规范要求进行；

c. 根据排污口规范化的要求，按有关的监测规范和排放标准要求确定采样点位置；

d. 凡现场监督监测采样时，到达采样点，须请被监测单位人员在采样单上签字，确认采样位置及时间。

⑦流量测定要求

流量的测量是排污许可证制度监督监测的重要基础。应按要求对排污口进行规范化整治。在出水的测流中可采用流速仪法、堰槽法、容器法、浮漂法、电磁式流量计法、电表式明渠流量计等方法。要求在重点污染源规范排污口后安装自动测流计，确保排污总量控制的实施。

⑧持证单位自行监测频次及报告要求

a. 属省级重点污染源，水污染物每季不少于两次监测；

b. 属地（市）州级重点污染源，水污染物每季度不少于一次监测；

c. 属县级重点污染源，水污染物每年不少于一次监测；

d. 以上持证单位省级每月5日前、地（市）级每季度第一个月5日前、县级年审时，向当地生态环境主管部门和审批发证机关上报“污染物排放总量报表”“污染物监测报表”和“污染治理设施运行情况报表”；

e. 持证单位从事污染源监测应通过有关环境监测站资格考核，持证上岗。排污单位无监测能力的，可委托有环境监测资质证书的单位进行监测。

⑨档案管理

a. 排污许可证及有关的档案材料，一般为秘密级，保密企业的密级按其主管机关的有关规定执行；

b. 排污许可证审批资料、排污单位上报的监测资料、环境保护部门的现场监督和监测资料、处罚资料、年检资料等都应及时整理分类，编制档案目录，建立专项档案或与排污申报登记档案合并保存。

6.2.9 考核

（1）整体考核程序

对污染源、地表水进行监测→报送报表→总量核定、水质评价→执行情况分析→编写总量控制及环境质量状况报告书→考核奖惩。

（2）持证单位的考核

排污许可证管理工作对点源监测工作的质量和监测频次均提出了高标准的要求，建立环保部门、执法和排污单位三级环境监测站组成的环境监测网络，并形成监测报告制度，对持证单位进行排污量监管，对超证的按有关要求处罚，同时向社会公布。

（3）区域环境目标考核

根据各级政府下达的环境质量目标责任和污染物排放总量控制目标，通过各级政府逐级签订目标责任状，采用环境监测、总量核定等手段按年度控制计划和5年总目标进行考核，以及通过城市环境综合定量考核，奖优罚劣。

6.3 清河水污染物排放许可实施示范

6.3.1 排污许可量核定

（1）排污许可量核定方法

① 污水组成、来源和排放标准

a. 污水处理设施设计规模、进水水质、出水、排水状况；

b. 污水处理设施执行标准；

c. 污水处理设施水质水量监测数据及评价；

d. 入河排污口位置及受纳水体水质状况。

② 排污许可限值的计算

a. 水体达标区域排污许可分配

在水体达标区域，污水处理厂排放浓度执行现行排放标准，年许可排放量按照设计规模设定。

b. 水体不达标区域排污许可分配

按照控制单元容量总量分配年许可排放量，允许排放浓度按照给定的许可排放量核算。

（2）清河流域排污许可量核定

按照排污许可量核定方法，清河流域主要点源排污许可量核定结果见表 6-1。

表 6-1　清河流域发证范围内的许可量核定结果　　单位：t/a

企业编号	排污许可量		实际排放量	
	COD	NH_3-N	COD	NH_3-N
QHQY1	5.75	0.082	6.499	2
QHQY2	0.008	0.002	0.07	0.004
QHQY3	6.612	1.322	40.85	6
QHQY4	17.82	1.434	17.82	2.178
QHQY5	0.144	0.029	21.4	2
QHQY6	0.111	0.022	16.8	0.194
QHQY7	0.668	0.006	1.2	0.006
QHQY8	4.9	0.12	4.9	0.12
QHWS9	37.676	0.713	168.192	9.344
QHWS10	191.625	12.613	191.625	19.163
QHWS11	169.907	20.675	169.907	20.675
QHWS12	439.758	17.777	439.758	19.404

6.3.2　排污许可证发放程序和步骤

（1）前期准备工作

① 实地调研，获取关于清河流域水质现状、污染源分布、排污企业的排污现状等一手资料，为下一步确定许可对象和许可范围提供依据。

② 收集编制许可发放相关法规政策、技术导则等，为许可证发放的合法性、规范性、公平性提供依据。

清河流域的水污染物排污许可示范，支持了 2013 年 6 月 19 日印发的《铁岭市水污染物排放许可证管理办法》（以下简称《办法》）。以《铁岭市水污染物排放许可证管理办法》为核心，课题组编制的《铁岭市排污许可技术管理手册》通过对许可条件、发放（办理）程序、监督管理、容量核定及管理平台（发放系统）等事项进一步加以规范和说明，为示范区域对水污染物排放许可证的核发、管理以及各排污单位申请水污染物排放许可证提供政策和技术指导，保证了排污许可证实施及示范区的发放与管理的规范性。

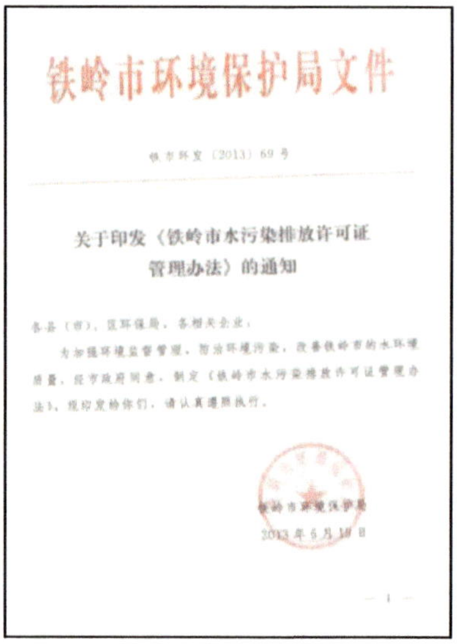

铁岭市环境保护局文件

铁市环发〔2013〕69 号

关于印发《铁岭市水污染排放许可证管理办法》的通知

各县（市）、区环保局，各相关企业：

为加强环境监督管理，防治环境污染，改善铁岭市的水环境质量，经市政府同意，制定《铁岭市水污染排放许可证管理办法》，现印发给你们，请认真遵照执行。

铁岭市环境保护局

2013 年 6 月 18 日

— 1 —

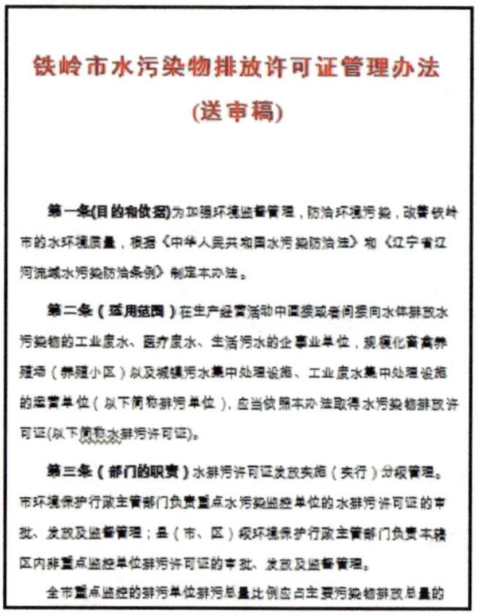

铁岭市水污染物排放许可证管理办法

(送审稿)

第一条(目的和依据)为加强环境监督管理，防治环境污染，改善铁岭市的水环境质量，根据《中华人民共和国水污染防治法》和《辽宁省辽河流域水污染防治条例》制定本办法。

第二条（适用范围）在生产经营活动中直接或者间接向水体排放水污染物的工业废水、医疗废水、生活污水的企事业单位，规模化畜禽养殖场（养殖小区）以及城镇污水集中处理设施、工业废水集中处理设施的运营单位（以下简称排污单位），应当依照本办法取得水污染物排放许可证(以下简称水排污许可证)。

第三条（部门的职责）水排污许可证发放实施（实行）分级管理。市环境保护行政主管部门负责重点水污染监控单位的水排污许可证的审批、发放及监督管理；县（市、区）级环境保护行政主管部门负责本辖区内非重点监控单位排污许可证的审批、发放及监督管理。

全市重点监控的排污单位排污总量比例应占主要污染物排放总量的

图 6-3 铁岭市水污染物排放许可相关文件

③ 对接当地环保局，对许可证审核、管理等工作进行协商、确认。多次调研当地排污企业，为许可证申请、许可量核定等提供帮助。

④ 铁岭市排污许可证管理示范平台的调研

为了更好地使排污许可证发放与管理信息系统平台应用于辽河流域示范平台的建设，在项目设计初期，进行整体设计，多次与地方管理、企业要求对接，结合铁岭市排污许可证的实际发放流程，设计铁岭市排污许可证发放与管理信息系统平台。

（2）确定排污许可证范围

通过对清河流域的水质环境现状、污染物和污染源进行调查和分析，确定流域内包括重点污染工业源和污水处理厂在内的 44 家排污单位作为排污许可示范对象。

（3）排污许可申请

① 告知

由铁岭市生态环境主管部门通知到排污单位所在地县级生态环境管理部门及已确定列入实施排污许可证范围的排污单位，主要采用书面通知形式，还可配套采用新闻媒体、网络等形式，通知各个排污单位在指定时间进行申报。

② 排污许可证申请

排污单位接到通知后，按期如实填写《排污许可证申请审批表》，并按规定提供以下相关资料。

a. 工商营业执照、组织机构代码；

b. 环境影响评价批复文件、项目竣工环保验收材料或备案文件；

c. 排污单位向城镇或工业污水集中处理单位排放污染物的，应当提交相关单位同意接纳的证明材料；

d. 城镇污水集中处理设施、工业废水集中处理设施的运营单位除提供排污的管网、纳污单位、排污去向等所有材料外，还应当提交污水处理厂运营资质证明；

e. 应当安装污染源自动监测设备的，需要提交自动监测设备验收材料和最近一个月的监测记录；

f. 不需要安装自动监测设备的，需要提交最近一年内的监测报告；

g. 符合国家或地方要求的排污口证明材料；

h. 按规定编制的突发环境事件应急预案；需要提交的申请材料清单，由市、县级环境保护主管部门通过网络、报纸等媒体或其他便于公众知晓的方式，向社会公布。

（4）排污许可证申请的审核

① 受理审核

生态环境主管部门收到排污单位的申请材料后，经审查，当事人提交的申请材料齐全，符合要求的，生态环境主管部门应当予以受理；当事人提交的材料不全或者形式、内容不符合要求的，当场或者在五日内向当事人出具《补正申请材料通知书》，一次性告知其需要补正的全部内容。

② 审核

根据审核依据和审核内容对申请单位递交的申请材料进行审核，并在 30 日内作出决定。

6.3.3　排污许可证发放及证后监管

（1）证书发放

铁岭市级环保部门对通过审核的单位排序发放水污染物排放许可证，审核发证的原则和依据见三个示范区控制单元排污分配方案。

水污染物排放许可证分为正本、副本。正本载明的主要内容包括：许可证编号、持证单位名称、地址、法定代表人、行业类型；排放污染物的种类；有效期限、发证机关和发证时间。

副本除载明正本的内容外，还应载明以下内容：

① 生产工艺、污染物处理工艺与能力、主要污染防治设施；

② 排污口位置、编号、名称及数量，排放方式、去向、时间；

③ 污染物的浓度和容量限额；

④ 许可证的排污申报登记变更审核时间及记录；

⑤ 应当遵守环境保护法律、法规的其他主要事项；

⑥ 现场监督检查和违法记录；

⑦ 重点企业的年度审核记录。

以污水处理厂为例，图 6-4 是其排污许可证正本。

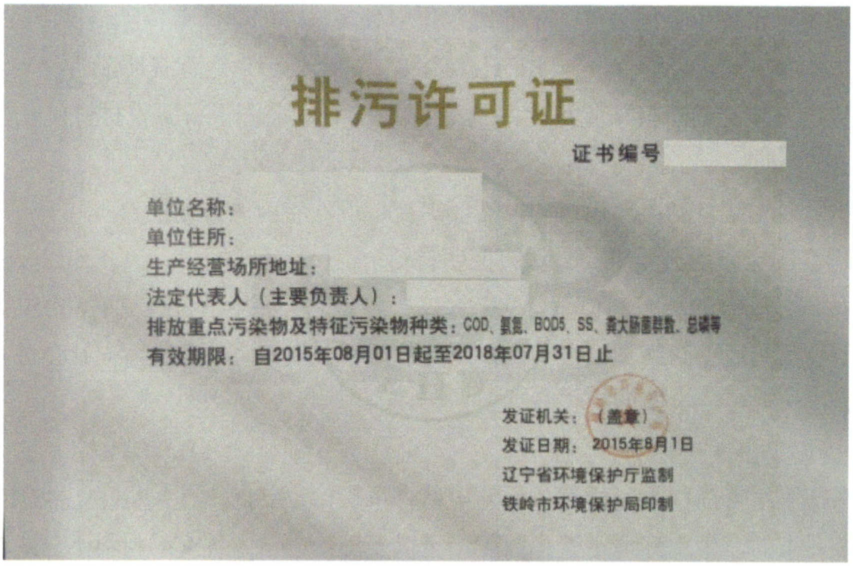

图 6-4 铁岭市某污水处理厂排污许可证正本

（2）证后监管

① 各级生态环境主管部门的监管

a. 生态环境主管部门对排污企业的监管

铁岭市和下属县级生态环境主管部门负责当地持排污许可证单位（以下简称“持证单位”）的日常监督管理。根据监管内容和职责，对持证单位进行例行和随机监测，包括检查许可事项的落实情况、污染防治设施运行、自行监测情况；负责排污许可证的年审工作，每年年底以前组织完成排污许可证年检工作；开展排污单位的排污申报登记、变更登记和排污许可证的日常管理工作；组织编制本辖区污染源排污状况报告并发布等。

在监管过程中，对投诉举报多、有严重违法违规记录等情况的排污单位，要提高抽查比例；对实行排污许可简化管理的排污单位以及环保诚信度高、无违法违规记录的排污单位，可降低检查频次。

b. 上级对下级生态环境主管部门的监督检查和指导

上级生态环境主管部门可采取随机抽查的方式对具有核发权限的下级生态环境主管部门的排污许可证核发情况进行监督检查和指导。

对违规发放的排污许可证，上级生态环境主管部门可根据本规定撤销许可，并责令改正；对于下级生态环境主管部门违反规定发放排污许可证、情节特别严重的，由上级生态环境主管部门撤销违规发放的排污许可证并责令整改，对直接负责核发的主管人员和其他直接责任人员依法给予行政处分。

② 排污单位自行监管

排污单位应该在企业内部规定并实施监管方案和措施，具体包括：

a. 排污口位置、数量、排放方式、排放去向、排放污染物种类、排放浓度、排放量、执行的排放标准等符合排污许可证的规定，不得私设暗管或以其他方式逃避监管。

b. 按排污许可证规定的监测点位、监测因子、监测频次和相关监测技术规范开展自行监测并公开。

c. 按排污许可证规定，定期在国家排污许可证管理信息平台填报信息，编制排污许可证执行报告，及时报送有核发权的环境保护主管部门并公开，执行报告主要内容包括生产信息、污染防治以月报、季报、年报等形式定期上报排污状况、治理设施运转、污染物削减状况。

d. 按规范进行台账记录，主要内容包括生产信息、燃料、原辅材料使用情况、污染防治设施运行记录和监测数据等。

e. 每年按时参加年检，并按要求提供相关材料。

③ 公众监督

鼓励社会公众、新闻媒体等对排污单位的排污行为进行监督。排污单位应及时公开信息，畅通与公众沟通的渠道，自觉接受公众监督。公民、法人和其他组织发现违反本规定行为的，有权向生态环境主管部门举报。接受举报的生态环境主管部门应当依法调查处理，并按有关规定对调查结果予以反馈，同时对举报人信息进行保密。

6.4 凡河水污染物排放许可实施示范

6.4.1 排污许可量核定

铁岭市凡河流域将铁岭德士捷化工有限公司、铁岭市铁石调味品有限公司和铁岭市新城污水处理厂作为发证示范对象。

根据清河流域排污许可量核定方法，对许可示范的单位进行排污许可证允许排污量核定，最终核定结果见表 6-2，由于凡河水环境质量达到水质目标要求，为了顺利实施基于容量的排污许可证发放，企业排污许可量暂时执行辽宁省地方标准污水综合排放标准允许的排放限值。

表 6-2　凡河流域内发证范围内的许可量核定结果　　单位：t/a

企业编号	排污许可量		实际排放量	
	COD	NH_3-N	COD	NH_3-N
QHQY1	2.682	0.178 8	0.297	0.029 7
QHQY2	0.025	0.004	0.025	0.004
QHWS3	328.5	52.56	225.99	23.3

6.4.2　排污许可证发放及证后监管

因凡河流域的许可证发放与清河流域同批同时进行，且均由铁岭市生态环境主管部门负责审核、发放，并且用同一管理平台运行，因此这部分内容参见清河水污染物排放许可。

6.5　蒲河水污染物排放许可实施示范

6.5.1　排污许可量核定

根据清河流域排污许可量核定方法，对许可示范的单位进行排污许可证允许排污量核定，蒲河流域内发证企业排污许可量的最终核定结果见表 6-3。

表 6-3　蒲河流域内发证范围内的许可量核定结果　　单位：t/a

企业名称	年排污许可量		实际排放量	
	COD	NH_3-N	COD	NH_3-N
QYWS1	8.5	1.36	16.65	1.1
QYWS2	56.01	3.58	22.19	3.58
QYWS3	324	2.95	—	—
QYWS4	165	0.78	205.92	2.06
QYWS5	200	11.46	257.18	16.42
QYWS6	200	6.69	215.28	24.06

6.5.2　排污许可证发放及证后监管

（1）前期准备工作

① 实地调研，获取关于蒲河流域水质现状、污染源分布、排污企业的排污现状等一手资料，为下一步确定许可对象和许可范围提供依据。

② 收集编制许可发放相关法规政策、技术导则等，为许可证发放的合法性、规范性、公平性提供依据。

针对蒲河流域的水污染物排污许可示范，经收集和编制的《沈阳市排污许可证管理办法》《沈阳市排污许可证（正、副本）及填表说明》《沈阳市排污许可证许可排污量核定办法》《沈阳市排污许可证申请表及填报说明》《沈阳市排污许可证申报审核程序流程》《辽宁省排污许可证核发与管理工作方案》等相关法律法规、技术导则，为示范区对水污染物排放许可证的核发、管理以及各排污单位的申领水污染物排放许可证提供了政策和技术指导，保证了示范区发放与管理的规范性。

③ 对接当地环保局，对许可证审核、管理等工作进行协商、确认。多次调研当地排污企业，为许可证申请、许可量核定等提供帮助。

④ 管理信息系统平台调研

为了更好地使排污许可证发放与管理信息系统平台应用于沈阳市实际，在项目设计初期，进行整体设计、与沈阳市环保局业务对接，结合蒲河流域具体要求，最终完成沈阳市生态环境局排污许可证管理信息平台建设。

（2）确定排污许可证范围

选取兴国桥控制单元作为示范区域。经过蒲河流域主要污染源调查，根据兴国桥控制单元污染负荷核定结果分析，在兴国桥控制单元内，直排污染源污染负荷排放量 COD、NH_3-N 分别为 1 041.81 t/a、83.346 t/a，入河量 COD、NH_3-N 分别为 987.96 t/a、77.196 t/a；排入污水处理厂间接排放源污染负荷排放量 COD、NH_3-N 分别为 756.447 t/a、18.158 t/a。兴国桥控制单元直排污染源排放以污水处理厂排放为主，污水处理厂为国家重点监控企业，污水处理厂污染负荷排放量 COD、NH_3-N 分别为 1 035.99 t/a、82.91 t/a，污染物排放量占总污染物排放量的 99%，选择控制区内的 6 家污水处理厂作为示范对象。

（3）排污许可证申请的审核、发证和证后监管

蒲河流域的许可证发放程序与清河流域排污许可证发放程序相同。

参考文献

[1]　贺蓉，徐祥民，王彬，等. 我国排污许可制度立法的三十年历程——兼谈《排污许可管理条例》的目标任务[J]. 环境与可持续发展，2020，45（1）：90-94.

[2] 曾维华，邢捷，化国宇，等. 我国排污许可制度改革问题与建议[J]. 环境保护，2019，47（22）：26-31.

[3] 刘伊曼，冉丽君，王军霞. 关于推进我国排污许可制度实施的建议[J]. 环境保护，2019，47（22）：51-54.

[4] 张丰，余发威，崔欣. 浅谈我国环境影响评价与排污许可制度的联系[J]. 地球，2019（4）：93.

[5] 梁忠，汪劲. 我国排污许可制度的产生、发展与形成——对制定排污许可管理条例的法律思考[J]. 环境影响评价，2018，40（1）：6-9.

[6] 邹世英，柴西龙，杜蕴慧，等. 排污许可制度改革的技术支撑体系[J]. 环境影响评价，2018，40（1）：1-5.

[7] 蒋洪强，周佳，张静. 基于污染物排放许可的总量控制制度改革研究[J]. 中国环境管理，2017，9（4）：9-12.

[8] 柴西龙，邹世英，李元实，等. 环境影响评价与排污许可制度衔接研究[J]. 环境影响评价，2016，38（6）：25-27，35.

[9] 李兴锋. 排污许可法律制度重构研究——环境容量资源配置视角[J]. 中国地质大学学报（社会科学版），2016，16（2）：32-40.

[10] 张建宇. 美国排污许可制度管理经验——以水污染控制许可证为例[J]. 环境影响评价，2016，38（2）：23-26.

[11] 王金南，吴悦颖，雷宇，等. 中国排污许可制度改革框架研究[J]. 环境保护，2016，44（Z1）：10-16.

[12] 李艳萍，乔琦，扈学文，等. 我国排污许可制度：现状及建议[J]. 环境保护，2015，43（19）：51-53.

[13] 涂正革，谌仁俊. 排污权交易机制在中国能否实现波特效应？[J]. 经济研究，2015，50（7）：160-173.

[14] 李元实，杜蕴慧，柴西龙，等. 污染源全面管理的思考——以促进环境影响评价与排污许可制度衔接为核心[J]. 环境保护，2015，43（12）：49-52.

[15] 薛鹏丽，孙晓峰，宋云. 中瑞排污许可证制度的对比研究[J]. 环境污染与防治，2015，37（3）：62-65.

[16] 赵若楠，李艳萍，扈学文，等. 排污许可证制度在环境管理制度体系的新定位[J]. 生态经济，2014，30（12）：137-141.

[17] 孙佑海. 如何完善落实排污许可制度？[J]. 环境保护，2014，42（14）：17-21.

[18] 张倩，曲世友. 环境规制对企业绿色技术创新的影响研究及政策启示[J]. 中国科技论坛，2013（7）：11-17.

[19] 范群林，邵云飞，唐小我. 环境政策、技术进步、市场结构对环境技术创新影响的实证研究[J]. 科研管理，2013，34（6）：68-76.

[20] 段菁春，云雅如，王淑兰，等. 中国排污许可证制度执行现状调查[J]. 环境科学与管理，2012，

37（11）：16-20.

[21] 宋国君，韩冬梅，王军霞. 中国水排污许可证制度的定位及改革建议[J]. 环境科学研究，2012，25（9）：1071-1076.

[22] 宋国君，韩允垒，何雅琪，等. 中国污染物排放标准实施评估[J]. 环境工程技术学报，2011，1（3）：275-280.

[23] 谭德明，邹树梁. 碳信息披露国际发展现状及我国碳信息披露框架的构建[J]. 统计与决策，2010（11）：126-128.

[24] 郑玲，周志方. 全球气候变化下碳排放与交易的会计问题：最新发展与评述[J]. 财经科学，2010（3）：111-117.

[25] 杨洪刚. 中国环境政策工具的实施效果及其选择研究[D]. 上海：复旦大学，2009.

[26] 罗吉. 完善我国排污许可证制度的探讨[J]. 河海大学学报（哲学社会科学版），2008（3）：32-36，114.

[27] 毕军，周国梅，张炳，等. 排污权有偿使用的初始分配价格研究[J]. 环境保护，2007，35（13）：51-54.

[28] 王克稳. 论我国环境管制制度的革新[J]. 政治与法律，2006（6）：15-21.

[29] 朱法华，王圣. SO_2 排放指标分配方法研究及在我国的实践[J]. 环境科学研究，2005（4）：36-41.

[30] 夏光，冯东方，程路连，等. 六省市排污许可证制度实施情况调研报告[J]. 环境保护，2005，33（6）：57-62.

[31] 施圣炜，黄桐城. 期权理论在排污权初始分配中的应用[J]. 中国人口·资源与环境，2005（1）：55-58.

[32] 李爱年，胡春冬. 排污权初始分配的有偿性研究[J]. 中国软科学，2003（5）：17-21.

[33] 邓文莉. 我国排污权交易的法律保障[J]. 中国人口·资源与环境，2003（2）：47-49.

[34] 徐祥民. 关于建立排污权转让制度的几点思考[J]. 环境保护，2002，30（12）：7-9，28.

[35] 马中，Dan Dudek，吴健，等. 论总量控制与排污权交易[J]. 中国环境科学，2002（1）：90-93.

[36] 姜敏. 我国环境行政许可制度研究[D]. 重庆：西南政法大学，2013.

[37] EPA. NPDES Home[EB/OL]. [2015-10-12]. http：//water. epa. gov/polwaste/npdes/.

[38] EPA. Water Permitting 101[EB/OL]. [2015-10-13]. http：//water. epa. gov/polwaste/ npdes/basics/ upload/101pape. pdf.

[39] EPA. Protecting the Nation's Waters Through Effective NPDES Permits：A Strategic Plan[EB/OL]. [2015-10-13]. http：//water. epa. gov/polwaste/npdes/basics/upload/strategicplan. pdf.

[40] EPA. Interested Citizens[EB/OL]. [2015-10-14]. http：//water. epa. gov/polwaste/npdes/basics/ Interested-Citizens. cfm.

[41] Tetsuo Ono. Optimal tax schemes and the environmental externality[J]. Economics Letters，1996，53（3）：283-289.

[42] Robert N. Stavins. Transaction costs and tradeable permits[J]. Journal of Environmental Economics and Management，1995，29（2）：133-148.

[43] Lee Yeong Jun. Research of efficient environmental policy instruments for the reduction of SO；emissions from stationary sources[J]. Journal of Envir-onmental Science International，2004，13（4）：339-347.

[44] Katherine Morton. Environmental regulation in China：institutions，enforcement and compliance. Xiaoying Ma，Leonard Ortolano[J]. The China Journal，2001：167-168.